U0338255

国家自然科学基金资助项目(51464016)
江西理工大学优秀学术著作出版基金资助

煤与瓦斯突出前兆的非线性特征及支持向量机识别研究

陈祖云　著

中国矿业大学出版社

内 容 提 要

本书利用煤矿瓦斯监控系统监测的瓦斯浓度数据信息来研究煤与瓦斯突出的发生、发展及其动力学等非线性特征，以及基于支持向量机预测煤与瓦斯突出及非突出。开发了煤与瓦斯突出前兆的支持向量机识别系统，与原有的煤矿瓦斯监测监控系统进行数据通信，实现连续非接触式地识别煤与瓦斯突出及非突出，具有重要的现实意义。

本书可供矿山安全、安全科学与工程、防灾减灾工程与防护工程及相关领域的工程技术人员参考使用，同时也能为在校本科生和研究生相应的学习和研究提供帮助。

图书在版编目(CIP)数据

煤与瓦斯突出前兆的非线性特征及支持向量机识别研究 / 陈祖云著. —徐州：中国矿业大学出版社，2017.12

ISBN 978-7-5646-3775-0

Ⅰ.①煤… Ⅱ.①陈… Ⅲ.①煤突出—预防—研究 ②瓦斯突出—预防—研究 Ⅳ.①TD713

中国版本图书馆 CIP 数据核字(2017)第 271648 号

书　　名　煤与瓦斯突出前兆的非线性特征及支持向量机识别研究
著　　者　陈祖云
责任编辑　吴学兵
出版发行　中国矿业大学出版社有限责任公司
　　　　　　(江苏省徐州市解放南路　邮编 221008)
营销热线　(0516)83885307　83884995
出版服务　(0516)83885767　83884920
网　　址　http://www.cumtp.com　**E-mail**:cumtpvip@cumtp.com
印　　刷　徐州中矿大印发科技有限公司
开　　本　850×1168　1/32　**印张** 7.125　**字数** 185 千字
版次印次　2017 年 12 月第 1 版　2017 年 12 月第 1 次印刷
定　　价　28.00 元

前　言

煤炭是我国能源的主体。在矿井煤岩体瓦斯动力灾害中，危害性最大的是煤与瓦斯突出，应按我国目前煤与瓦斯突出防治能力和技术水平，实现现代化管理，用科学方法管理矿井瓦斯，对矿井煤与瓦斯突出进行科学预测预警，正确识别和评价突出事故灾情，及时提出抗灾对策。因此，加强防范，建立煤与瓦斯突出及非突出的连续识别系统是个非常现实的问题；研制瓦斯异常涌出应用支持向量机预报煤与瓦斯突出识别系统，具有很大的应用价值和应用前景，对瓦斯事故的预防和矿井安全生产具有重大的现实意义。

本书利用煤矿瓦斯监控系统监测的瓦斯浓度数据信息来研究煤与瓦斯突出的发生、发展及其动力学等非线性特征，以及基于支持向量机的煤与瓦斯突出及非突出的预测。主要成果体现在如下几个方面：

(1) 分别从能量和动量守恒的角度，建立了煤与瓦斯突出的尖点突变模型，得出了突出的突变机理和发生条件，从而为煤与瓦斯突出灾害预测与防止提供了新的理论依据。

(2) 分析了煤巷掘进工作面瓦斯涌出量的影响因素。理论和监测表明：工作面瓦斯涌出量动态，与工作面前方的突出危险性存在着较好的一致性，突出前工作面瓦斯涌出量变化异常；而非突出时瓦斯浓度比较均匀且较小。指出了工作面瓦斯涌出量动态特征是一项较好的非接触式预测指标，连续动态预测的优势，能弥补现在的瓦斯监测监控系统不能预测煤与瓦斯突出的缺陷。

(3) 运用混沌动力学理论，研究了突出发生前与不发生突出的对比混沌运动特征。计算了煤巷掘进工作面瓦斯涌出量的 Hurst 指数；采用复自相关函数法计算了相空间的延迟时间，发现了突出前瓦斯浓度的相空间延迟时间不小于不发生突出的相空间延迟时间。指出了传统计算关联维方法的缺陷，提出了适用于高维混沌系统的新的关联维算法。发现了突出前瓦斯浓度的关联维都大于不发生突出的；而最小饱和嵌入维却正好相反。改进了考虑到较小演化向量长度及较小的演化角度要求的 Wolf 算法，发现了突出前瓦斯浓度 Lyapunov 指数的最大值都大于不发生突出的规律。

(4) 指出了局域预测法中的不足是最邻近点与中心点的关联程度，提出了计算最邻近点的新方法，能有效地防止产生伪邻近点。指出了 Lyapunov 预报模式预测值的正负取舍对瓦斯浓度预报的整体精度有较大影响，提出了 Lyapunov 预报模式预测值的判定思路，并且也提出了相应的判定算法。提出了基于小波与混沌集成的混沌时间序列的预测方法。本书改进的加权一阶局域预测法、改进的 Lyapunov 指数模式预测法及基于小波与混沌集成的混沌预测法，具有相当高的精度。

(5) 提出了利用支持向量机来识别掘进工作面监测信息中的突出危险性。研究了突出危险性模式识别的核函数构造原理和算法。得出了煤与瓦斯突出及非突出的掘进工作面的监测瓦斯浓度的时域特征向量、频域特征向量、小波域特征向量、分形与混沌特征向量。而且支持向量机能应用于常规煤与瓦斯突出预测和 KBD7 煤岩动力灾害电磁辐射监测仪的数据处理。结果表明，支持向量机模型识别器解决了小样本、非线性、高维数、局部极小值等实际问题，具有良好的分类识别效果。

全书共分 7 章，第 1 章为绪论；第 2 章为煤与瓦斯突出的突变特征；第 3 章为煤巷掘进工作面瓦斯涌出量预测煤与瓦斯突出的理论；第 4 章为煤巷掘进工作面瓦斯涌出量的非线性特征；第 5 章为煤巷掘进工作面瓦斯涌出量的非线性预测；第 6 章为基于支持向量机的煤与瓦斯突出预测；第 7 章为支持向量机识别煤与瓦斯突出系统的开发与应用。

本书的研究得到了国家自然科学基金资助项目(51464016)和江西理工大学优秀学术著作出版基金的资助。本书研究内容是在中国矿业大学安全工程学院杨胜强教授的悉心指导下完成的，杨胜强教授渊博的知识、严谨的治学态度、敏锐的研究思路和诲人不倦的风范使作者受益匪浅。同时，本书还得到了江西理工大学邬长福教授的指导和帮助。在此向他们表示衷心的感谢并致以深深的敬意！

本书在研究和撰写过程中，得到了云南地质大队的苗琪队长及相关技术人员，云南恩洪煤矿的相关技术人员以及云南师宗县大舍煤矿的金建莱矿长及相关技术人员在取样、收集资料方面提供的帮助；得到了昆明理工大学信息及自动化工程学院院长张云生教授及相关老师在研究中提供的帮助；得到了中国矿业大学安全工程学院蒋承林教授、林柏泉教授、蒋曙光教授的悉心指导和帮助，在此表示衷心的感谢。

由于影响煤与瓦斯突出的因素众多，发生原因复杂，相关的研究工作还在深入进行中，加上作者的学识水平有限，书中难免有不妥或错误之处，敬请读者批评指教。

作　者

2017 年 4 月

目　　录

1 绪　论

1.1 研究背景

我国产煤量占世界总产煤量的45%左右，但是煤矿事故死亡人数却占世界煤矿事故总死亡人数的70%左右。煤矿安全生产形势近年来虽有大幅好转，但总体来看依然非常严峻，重特大事故频繁发生，安全管理水平与发达国家相比还有很大的差距，特别是安全方面的投资远远不够。煤矿事故造成极为不良的社会影响，导致巨大的经济损失。

在煤矿煤岩体灾害中，危害性最大的是煤与瓦斯突出。随着煤与瓦斯突出的快速扩展，人们对突出的认识也逐渐在增强，我国防治突出的整体水平不断提高。目前广泛采用的"四位一体"综合防突措施[1]，使防突效果更严密有效。但是在"四位一体"综合防突措施执行过程中，由于受到突出技术水平的限制，突出对部分地区煤炭的生产产生较大的影响。其原因主要体现在以下几个方面[2]：① 突出预测方法有缺陷。目前的突出预测方法是在多次现场实验中统计分析得出的，缺乏突出机理的支撑，造成预测方法和指标体系有所偏差，直接的结果是预测值长期超标。② 突出预测指标选择及临界值确定不准确。③ 某些指标测试过程难以把握，容易产生较大的预测误差。

突出预测水平的缺陷造成了安全与生产之间的不协调，给煤矿的安全生产及经济效益造成了较大的影响。为了降低煤炭行业安全事故，提高采掘速度，减少煤与瓦斯突出的影响，需要突出预测更加准确，在突出预测理论、突出预测指标敏感性及临界值、突出预测方法等方面进行深入研究并不断完善。

1.2 本书研究的目的和意义

矿井瓦斯事故是煤矿五大自然灾害之一，根据煤矿事故统计分析，瓦斯事故在各类事故中所占比例最大。矿井瓦斯是井下有害气体的总称。矿井瓦斯具有燃烧性、爆炸性和窒息性。瓦斯爆炸是危害性极大的灾害，它的发生将严重危及矿井生产和井下工人的生命安全；有害气体直接影响工人的身体健康甚至使人死亡。

煤与瓦斯突出是地应力、瓦斯压力、煤岩物理力学性质等多因素综合作用的结果，是矿井生产过程中最重要的自然灾害之一。中华人民共和国成立以来，我国煤矿发生的特大、重大人身伤亡事故中瓦斯灾害占90%以上。依据文献[3]，2008 年至 2014 年我国煤矿共发生事故 567 起，死亡人数共 3 572 人。根据国家煤矿安全监察局事故查询系统，2012 年 1 月～2015 年 8 月，共发生瓦斯事故 76 起，死亡 608 人，受伤 105 人，分别占总事故起数的 48.4%，占总死亡人数的 57.7%，占总受伤人数的 68.2%。因此，研究分析瓦斯事故有很大的必要性。矿井瓦斯灾害事故是煤矿生产的大敌，应加以预防，杜绝这类事故的发生。

按我国目前瓦斯防治能力和技术水平，应进一步采取措施，实现现代化管理，用科学方法管理矿井瓦斯，对矿井瓦斯灾害进行科学预测，以便掌握矿井瓦斯动态，正确识别煤与瓦斯突出及非突出，及时提出抗灾对策。

从现有的技术水平来看，高瓦斯矿井及煤与瓦斯突出矿井都已安装瓦斯浓度监测监控系统，并能投入运用于煤炭开采过程，但对于安全生产过程来说，我们认为现有的监测监控系统对于预防突发性的瓦斯事故缺乏对事态发展发生的前期预警功能，这是安全管理的一个瓶颈，如果此瓶颈不能突破，则现在的安全管理只能停留在完善设置、强化制度等被动管理上，对于重特大的突发事件，难以提前或及时作出相应的事件可能趋势及主动预测预防措施。

所以，如果能预先对煤与瓦斯突出进行连续正确的预测，对瓦斯事故的预防和矿井安全生产将有重要的现实意义。该课题的研究将有很大的应用价值和应用前景，对煤矿煤与瓦斯突出的预测将起到很好的作用。

1.3 国内外研究动态和趋势

我国煤炭分布范围广泛，埋藏地形复杂，煤炭生产一直受到各种灾害，如瓦斯、涌水、火灾、煤尘及冒顶等的威胁，其中以煤与瓦斯突出事故后果最为严重，因此瓦斯事故预测方面的研究就显得尤为重要。

矿井瓦斯爆炸危险性分析方法很多，其中以事故树分析应用最为广泛。由于定量分析中基本事件的概率难以确定，以及定量分析计算的复杂性，目前主要采用事故树的定性分析。传统的事故树分析法虽然可以利用概率理论来有效处理具有大量统计数据的故障事件，但由于在实际资料的统计中有时候存在着许多不准确性因素，构成事故树的各个事件在许多时候都是由客观不定性因素表示的，这就使得传统的事故树分析方法很难对目前复杂的系统中不确切的因素用数学模型或公式来分析和计算。故此，Usha Sharma、Msudhakar 等人在概率可靠性理论研究中引入了模糊数学的思想和方法，使得经典概率模糊化。这不仅提高了概率表示客观对象灾变频率的可能性和适用范围，并且为用概率客观真实地描述评价对象灾变的可能性提供了理论基础[3-8]。美国控制论专家 L. A. Zadeh 首先提出,模糊数学理论是表达与处理不精确数据、模糊信息条件的重要手段。国内外不少学者采用模糊评判理论结合统计学方法定量评价矿井瓦斯赋存规律、瓦斯灾害危险性等问题。

煤与瓦斯突出内在机理极为复杂,突出影响因素与突出事件之间相关规律存在一定的不精确性和模糊性,基于经验的传统预测技术预测方法的应用已受到了很多的限制。

霍多特[9]等人基于实验室模拟,用数学方法计算了煤层的变形潜能、围岩的动能、瓦斯的膨胀功和造成突出所需的功,提出了能量假说,但仍无法解释含瓦斯煤岩的渐近破坏过程和破坏条件。马尚权等提出的突出流变假说,对含瓦斯煤岩突出过程和突出机理作了较形象的描述[10]。

唐春安等[11-16]运用岩石破裂过程分析 $RFPA^{2D}$ 系统,对含瓦斯煤岩突出问题进行了初步探索,该系统的显著特点是可以在模型中考虑材料的非均匀特性,主要包括以下几方面的功能:应力分析、变形分析、声发射和结构破坏分析等。

神经网络是 20 世纪 80 年代后期迅速发展起来的人工智能科学的又一重要分支,除在非线性动态处理及自动控制等领域显示出了强劲的生命力外,在预测、评价等方面也取得了良好的应用效果。最近几年,以自适应突出强度预测的 BP 神经网络模型为代表的模糊神经网络技术在煤与瓦斯突出预测领域里也取得了一定的成效[17-24]。

专家系统是一个模拟人类专家解决某一问题所用知识和经验的计算机程序。英国煤炭公司的 UPFL 专家系统可用于预测煤矿井下开采过程中煤与瓦斯突出危险性。中国科学院地质研究所也正在研制预测突出的专家系统 GAS-BURST,它根据用户提供的矿区地质构造、地下水、瓦斯、钻孔粉尘、地应力和已经发生突出的资料,划出煤矿突出危险区、危险带,预测突出危险程度随开采深度增加的变化趋势，预报突出点的位置，同时还能在计算机屏幕上显示突出危险区的位置、井下突出点的位置，各次突出间的相关联系等[25-29]。

分形几何理论作为研究非线性问题有力的理论工具和方法，近几年在煤炭行业也得到了广泛的应用。如吕绍林等进行了突出煤体的粒度分形研究，结果表明，突出煤体的分形特征不仅可以对突出煤体抵抗外力破坏的能力进行定量的描述，从介质的力学行为认识突出煤体与非突出煤体的差别，而且可以对煤体吸附和放散瓦斯的能力进行综合评价。傅雪海等进行了煤储层孔隙、裂隙系统分形研究，分析了分形维数与煤层的孔隙、裂隙发育程度及煤变质程度的关系，为评价煤层气的吸附与解吸、扩散与渗流、煤与瓦斯突出预测以及煤层有效渗透率估算提供了一种更加精确的方法[30]。

长期以来，研究人员做了大量的工作，提出了种种假说和经验公式，如用煤的瓦斯放散初速度、煤层瓦斯压力、钻孔瓦斯涌出初速度和钻屑量等作为评价突出危险程度的指标。这些方法在预测煤与瓦斯突出的时候起到了一定的积极作用，但也存在一些缺陷：

(1) 这些预测方法都是静态地预测煤与瓦斯突出，只能预测某个时刻某一点的瓦斯突出危险程度。

(2) 预报的准确性差，以前的突出预测只是根据给定的条件进行单指标预测，没有将这些因素作为一个系统来考虑，所以缺乏一定的准确性。

1.3.1 煤与瓦斯突出机理的研究概况

煤与瓦斯突出是煤矿井下生产中经常遇到的动力现象，尽管所有的这些动力现象均体现了瓦斯携带煤体瞬间向地下空间涌出的特点，但其表现形式却是千差万别的。有的突出表现出较强烈的破坏特征，所喷出的含瓦斯煤岩体可摧毁采掘工作面设施，破坏通风系统，甚至造成风流逆转；喷出的瓦斯可达数万立方米，并会迅速充满井巷,造成人员窒息,甚至出现瓦斯燃烧或爆炸;喷出的煤岩可达数千吨以上,会造成人员或设施被埋,井巷严重受损。对于煤与瓦斯突出是如何发生的,受何种因素影响,各种因素间如何相互作用,目前在学术界尚无定论。自1834年世界上首次在法国伊萨克矿井发生煤与瓦斯突出的一个多世纪以来,各国学者在探索煤与瓦斯突出发生发展的机理中提出了大量的学说,到目前为止这些学说均不能对煤与瓦斯突出现象给予令人满意的解释,学术界将各种学说均称之为"假说"。突出机理的假说分为以下几类[31-36]:

(1) 瓦斯主导假说

这类假说认为煤体内储存的高压瓦斯是突出中起主要作用的因素。其主要代表有"瓦斯包说"、"粉煤带说"、"煤的孔隙结构不均匀说"等等,如"瓦斯包说"认为煤中存在着瓦斯压力和瓦斯含量比邻近区域高得多的煤带,也就是瓦斯包,其煤体松软裂隙发育,具有较大的储存瓦斯的能力。一旦巷道揭露这些瓦斯包,在压力的作用下,瓦斯便会携带着煤体出来形成突出。

(2) 地应力作用说

这类假说认为突出是较高的地应力作用的结果,如"岩石变形能说"、"应力集中说"、"应力叠加说"、"剪应力说"、"顶板位移不均匀说"、"振动波说"等等。当巷道接近储存高构造应变能的岩层时,这些岩层将像弹簧一样张开来,将煤体破碎,引起煤与瓦斯突出。

(3) 综合假说

这类假说是多数人持有的观点,认为突出是由地应力、瓦斯压力和煤的力学性质三者共同作用的结果,认为煤与瓦斯突出是一种能量突然释放的现象,从能量平衡角度分析,研究其能量集中和释放的全过程,就能有效地进行突出防治。研究工作表明,地应力在煤与瓦斯突出发生的初级阶段,扮演着非常重要的角色。地应力通过应力叠加和应力集中使煤体遭到破坏。瓦斯含量和解吸速度也是影响突出的重要因素,瓦斯压力梯度用来破坏煤体,煤层快速解吸出来的瓦斯所形成的瓦斯气流将破碎的煤搬运出工作面,使煤与瓦斯突出得以实现和扩展。煤的力学性质是指煤的强度,容易破碎的粉煤是突出容易发生的主要原因。

(4) 流变假说

流变假说是中国矿业大学何学秋教授提出来的[36-40],认为煤与瓦斯突出本质上是属于含瓦斯煤体的流变行为。实践表明,一次大的突出往往是由几次小的突出所组成,在煤层中波及的范围从几米到几十米,延续的时间从几十秒到几天。突出在某些情况下表现为整体位移,在另一些情况下又表现为猛烈突出。通过含瓦斯煤的流变行为,可以比较好地解释这一过程。“流变假说”把煤与瓦斯突出过程从时间上分为四个流变破坏阶段,即突出的流变准备阶段,高速动态流变的发动阶段,持续流变破坏发展阶段和结束阶段,从空间上可分为流变松弛区、强流变区和弱流变区三个区域。在采掘工作面前方,依次存在着三个区域,它们是松弛区域、应力集中区和原始应力区[41]。

(5) 球壳失稳假说

球壳失稳假说是中国矿业大学蒋承林教授提出来的[66,149-153],认为在突出过程中,突出煤体首先在地应力的作用下破坏,产生裂隙,释放出瓦斯,然后瓦斯使裂隙扩展,形成球盖状煤壳,再将球盖状煤壳抛向巷道空间,推动地应力峰移向煤体内部,继续产生同样的破坏,形成连续不断的突出。

1.3.2 煤与瓦斯突出工作面预测技术的发展状况

国内外开采突出煤层的实践表明,突出的发生具有区域性分布或带状分布的特点,突出危险带的面积一般不到突出煤层总面积的10%[42]。原煤炭工业部制定的《防治煤与瓦斯突出细则》中,把煤层突出危险性预测分为区域突出危险性预测和工作面突出危险性预测，突出煤层经区域性预测后可划分为突出危险区、突出威胁区和无突出危险区；在突出危险区内，工作面进行采掘之前，应进行工作面预测[43]。

1.3.2.1 区域预测指标

区域预测有以下几种方法：

(1) 单项指标法

单项指标一共有四个，即煤的破坏类型、瓦斯放散初速度、煤的坚固性系数、煤层瓦斯压力。

(2) 瓦斯地质统计法

该法的实质是根据已采区域突出点的分布与地质构造的关系，结合未采区的地质构造条件来大致预测突出可能发生范围。因为不同矿区控制突出的地质构造因素不同，所以根据矿区的地质构造因素来预测。

(3) 综合指标 D 与 K 法

D 与 K 指标是由煤炭科学研究总院抚顺分院、北票矿务局与红卫矿共同提出的，它们被列入我国的防突细则，并得到了广泛应用。下面是 D 和 K 的算术表达式：

$$D=(0.0075H/f-3)(P-0.74)$$

$$K=\Delta P/f$$

式中 D——煤层突出危险性综合指标；

K——煤层突出危险性综合指标；

H——开采深度，m；

P——煤层瓦斯压力，MPa；

ΔP——软分层煤的瓦斯放散初速度指标；

f——软分层煤的平均坚固性系数。

(4) 煤厚的变异系数

煤厚的变化特别是构造引起的煤厚次生变化与突出有密切的关系，因此也可作为一项指标。

(5) 分层的厚度

软煤是构造应力的产物，突出一般发生在软分层，因此，它也可作为一项指标。

除了以上五种区域预测指标以外，还有其他指标，如小断层线密度、煤的电子顺磁共振、煤的筛分指数、煤的平面变形系数等。

1.3.2.2 工作面突出危险性预测

工作面预测依其与煤体的关联程度分为接触式预测与非接触式预测[44]。

1. 接触式预测

目前接触式预测方法主要有：钻屑指标法、钻孔瓦斯涌出初速度法、R 值综合指标法等。

(1) 钻屑指标法

钻屑指标法包括钻屑单项指标法和钻屑综合指标法。钻屑指标法主要包括 S_{max}、Δh_2 和 K_1，《防治煤与瓦斯突出细则》规定其临界值分别为 6 kg/m(或 5.4 L/m)、200 Pa 和 0.5 mL/(g·min$^{1/2}$)；钻屑综合指标法为抚顺煤科分院和北票矿务局协作得出的，该指标为$(\Delta h_{2max}-150)(S_{max}-4)$，$\Delta h_{2max}$ 为实测最大的 Δh_2，S_{max} 为实测最大的钻屑量，临界值为 17 kg/m。

钻屑量的测定方法很简单，钻孔每钻进一定深度，用简易收尘器收集一次钻屑量，用量具测定其重量或体积[43]。钻屑量测定的准确性与部分人为因素关系很大，例如钻进速度、钻孔的弯曲程度与钻杆的连接方式、司钻人员的操作水平、钻屑量是否收集全或钻孔钻进与钻屑量收集是否同步等原因，均可造成钻屑量指标不准[44]。

(2) 钻孔瓦斯涌出初速度法

采用钻孔瓦斯涌出最大初速度作为预测指标，其临界值与煤的挥发成分有关。文献[45]和[46]认为它是一个极有前途的预测指标，并已被列入我国《防治煤与瓦斯突出细则》中。研究和实践表明，钻孔瓦斯涌出初速度越大，并且其衰减速率越快，则突出危险性越大。

(3) R 值综合指标法

R 值综合指标法的表达式为 $(S_{max}-1.8)(q_{max}-4)$，S_{max} 和 q_{max} 分别为最大钻屑量和最大瓦斯涌出初速度。临界值应根据实测资料确定，无实测资料时取 $R_K=6$。当实测值 $R \geqslant R_K$ 时，预测有突出危险；当 $R<R_K$ 时，预测无突出危险。

综合指标在一定程度上可以克服单项指标的局限性和片面性，多考虑了一些因素的影响，使预测的准确性有所提高，但最大钻屑量与部分人为因素关系很大。

(4) 钻屑瓦斯解吸量和解吸特征指标法

德国广泛采用解吸指数 K_t 进行预测。其值可用热效式(ELMG01 型)、热导式(510 型)与光栅式解吸仪，在 5 min 内直接测出钻孔煤样的 K_t 值。20 世纪 90 年代后，煤炭科学研究总院重庆分院和抚顺分院分别开发了新一代瓦斯解吸指标的 WTC 突出参数仪[46]和试验用的 MJL-1 型钻屑解吸指标临界值确定仪[47]。

现场应用和理论表明，对于结构破坏程度比较严重、瓦斯压力和含量较大的突出煤层，利用钻屑瓦斯解吸指标预测其突出危险性的准确性较高。但在实测中，人为因素对钻屑瓦斯解吸指标有较大的影响，如暴露时间的长短、钻屑煤粒大小、煤样重量、仪表漏气、定点测定的准确性和测定点数量等方面都对 K_t 有影响[44]。

2. 非接触式预测

当前采用接触式工作面预测方法虽然已比较简单，但仍需要一定的工程量，预测作业时间仍需 2～3 h，对生产有一定的影响，且预测作业本身也存在危险性，因此非接触式预测的研究正日益引起人们的重视。

(1) V_{30}(或 V_{60})及 K_v 指标法

德国[48]在打眼爆破掘进时，采用 V_{30} 值预测突出。所谓 V_{30} 值，是爆破后前 30 min 内的瓦斯涌出量(m^3)与崩落煤量(t)的比值，并认为当 $V_{30} \geqslant 40\%$ 煤层可解吸瓦斯含量时有突出威胁，$V_{30} \geqslant 60\%$ 煤层可解吸瓦斯含量时有突出危险。我国煤炭科学研究总院重庆分院、抚顺分院也对此进行了研究，并在便携式 WTC 瓦斯突出参数仪中设置了该指标测定功能。采用便携仪测定时，首先在掘进工作面爆破前将 WTC 瓦斯突出参数仪和与之配合的 AZJ-85 型瓦斯警报器置于该工作面回风巷中。当风流瓦斯浓度在 1.5 min 时间内突然升高 0.5%，仪器判断为工作面爆破，从这时开始计时，每 30 s 测量一个瓦斯浓度值。再根据键盘输入工作面风量和落煤量，计算 V_{30} 指标。同样，利用环境监测系统监测得到的工作面瓦斯浓度和风速数据，能够计算出 V_{30} 指标，但达不到实时自动预报突出危险的目的。

俄罗斯斯阔钦斯基矿业研究院根据连续监测掘进煤巷每个落煤循环的瓦斯涌出量数据，采用相对均方根偏差公式计算瓦斯涌出变动系数 K_v 表征瓦斯涌出量增、减或“忽高忽低”的变化幅度。K_v 是采用数理统计法得出的反映连续测定值动态变化幅度的一个敏感指标，是均方根对平均值的相对变化量，当工作面瓦斯涌出量偏离正常值时，K_v 将敏感地反映它的异常变化。国内将 V_{30}(或 V_{60})及 K_v 两个指标相结合，在部分矿区进行了预测试验，并取得了一定的效果。

(2) 煤与瓦斯突出模式识别法

刘明举[49]根据工作面瓦斯涌出特征，利用模式识别技术对基于矿井监测系统的突出预测进行了研究，结果认为，在现有矿井监测系统的基础上考虑工作面瓦斯涌出量特征，利用计算机模式识别技术研究非接触式预测煤与瓦斯突出方法是可行的。周骏等[50,51]国内学者提出了在煤矿灾害预测中应用模式识别方法。张宏伟等[52]提出了基于地质动力区划的多因素模式识别预测。

南存全[49]提出了基于模式识别的煤与瓦斯突出区域预测。这些研究多为探讨性，但表明模式识别预测对于解决煤与瓦斯的突出问题是有应用前景的。

(3) 声发射监测法

在20世纪30年代，美国和加拿大就开始进行利用AE声发射监测地下室稳定性的试验。我国在应用AE法预测煤与瓦斯突出这一领域的研究起步较晚，“八五”和“九五”期间，国家作为科技攻关项目，让煤炭科学研究总院抚顺分院和重庆分院进行了声发射法预测煤与瓦斯突出基础理论及应用研究，研究成果在现场得到了初步应用[54]。

(4) 电磁辐射监测法

国内外理论研究和实践表明，煤岩受力破坏过程中会产生电磁辐射，电磁辐射的强度和脉冲数取决于外加载荷的大小和煤岩体的力学特性。苏联和德国在井下对岩石破裂电磁辐射特征进行了观测试验，中国矿业大学[55,56]和煤炭科学研究总院重庆分院也对煤岩变形破坏电磁辐射特征、电磁辐射法预测工作面突出危险技术及装备进行了研究。

根据工作面瓦斯涌出特征，应用支持向量机预测煤与瓦斯突出及非突出的系统。

1.3.3 突出预测敏感指标及临界值确定方法的研究现状

敏感指标[57]是指对某一矿井煤层工作面进行预测时，能明显区分出突出危险和非突出的预测指标，即在突出危险和非突出危险工作面实测该指标的值无交叉或交叉较少，用单项指标达不到上述要求时，可选用综合指标做敏感指标。

敏感指标的临界值系指用该指标划分突出危险工作面或非突出危险(即《防治煤与瓦斯突出细则》中所说的威胁)工作面的界限值。通常敏感指标及其临界值同时确定。突出危险与非突出危险工作面各测定值之间无较明显界限值的指标，是突出预测不敏感指标。由此看来，敏感指标即为预测突出适用的指标。《防治煤与瓦斯突出细则》要求，工作面突出各项指标的临界值，应根据现场测定资料确定。在无实测资料情况下，《防治煤与瓦斯突出细则》给出了各预测指标的参考临界值。由于各突出矿井的生产条件、突出程度以及防突经验等方面的差异，因此在开展工作面预测时，确定预测敏感指标及其临界值的方法也各不相同，所得到的敏感指标及其临界值是否合理和适用，也没有统一的评价方法。

目前对煤与瓦斯突出机理研究尚没有突破，无论哪种预测技术、无论是哪种突出危险分类方法，在突出预测准确率上均比较低（一般是 60%），在预测非突出的准确率上能达到 100%，但这是以提高预测突出率为代价的。也就是说，由于目前对突出机理并不十分明确，我们无法准确判断突出的临界值，为了保证安全，强调预测非突出的准确率达到 100%，因此把突出的临界值定得比较低，结果许多无突出危险地点，由于需要采用统一的临界值，也被认为是具有突出危险，必须采取防突措施，于是带来较大的防突工程量，让采掘速度降低很多，让本已非常紧张的采掘关系变得更加紧张。有必要在现有的对突出机理理解程度的基础上，对局部地点的突出预测理论进行深入研究，对目前的指标确定、指标敏感性考察、临界值确定方法进行完善，从而提高预测准确率和采掘速度，改善部分煤矿采掘失调的局面。

1.3.4 煤与瓦斯突出非线性系统研究

非线性科学是当代迅速发展的、跨学科的一门综合性基础科学，旨在揭示非线性系统的共性、复杂性、基本特征和运动规律[65-67]。一些学者应用有关非线性理论，从矿井地质断层分形分布与突出的关系、突出煤体分形及孔隙分形特征、突出的材料分叉理论、突出启动过程的突变研究、突出预测的神经网络模型等方面进行了有益的探索[49,68-71]。王铁波[72]对瓦斯涌出的时间序列进行了研究,但没有发现瓦斯涌出的时间序列各项非线性特征指标在掘进工作面由无突出危险转为突出危险时具有明显的变化规律。这种规律性是否存在,突出危险性是否敏感,以及哪些非线性特征指标对突出危险性较为敏感,还需要进行大量的研究。

1.3.5 模式识别综述

模式识别(pattern recognition),通俗地讲,就是利用计算机对某些研究对象根据可以获取的某些物理特性进行分类和描述,在误识率最小的条件下,使识别结果和客观事物相符。这里的“模式”一般是指用以与待识对象进行比较的标本,它有广泛的含义,如图形、波形等。所研究的对象可以是一系列物理现象,也可以是一些抽象的对象(如心理状态)。模式类的划分是将具有某些相似性质的对象看作是一类,从中选取最典型的对象标本作为该模式类的模式。模式类的总数与具体的应用有关,在许多情况下它是固定不变的,如数字识别问题;而对于有些问题,开始时可能并不知道到底应有多少模式类,模式类的数量需要观察大量有代表性的样本后根据实际情况才能决定。

简单的模式分类系统大致如图 1-1 所示。

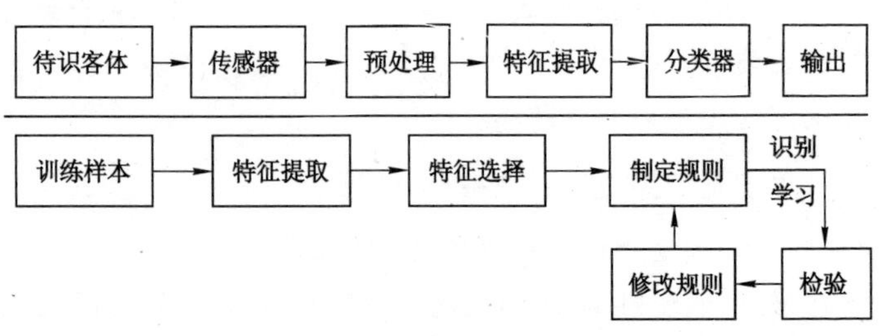

图 1-1 模式识别系统的一般结构

在进行识别分类之前,人们要通过采集大量的训练样本,通过分析，去掉对分类无效或反而易造成混淆的特征，尽可能保留对分类特别有利的特征，制定适当的识别分类规则，并将识别结果与实际相比较，不断地修正改进，建立起误识率最小的分类规则和相应的模式库。在进行模式识别时，识别系统通过传感器对待识对象进行信息采集，并进行预处理，经特征抽取及与模式库进行比较判断，完成识别分类过程。由于在不同的应用场合，我们的研究对象千差万别，不同的研究对象有着各自不同的特点，因此对于具体的研究对象采用合适的识别方法对于识别的准确性至关重要。

一般地，模式识别的研究可以分为以下几个方面：统计模式识别、句法模式识别、神经网络模式识别和模糊模式识别。其中，基于决策理论的统计模式识别和基于形式语言的句法模式识别是传统的两种模式识别方法。

1.3.5.1 统计模式识别

许多研究对象可以用一个或一组数值特征来表征，如手写体数字、遥感图片、地震波等。识别系统从传感器等数据采集装置得到一系列数值，经过预处理后得到该对象的一些数值特性的矢量。同类对象的矢量集合呈现出某种统计（概率）特性，可以借此与异类对象区分。统计模式识别方法[77]即是利用待识对象这一特性，从研究各种划分特征空间的方法入手，来判别待识对象的归属。在统计模式识别中，特征子空间的划分利用了同一模式类中的模式特征具有统计意义上的相似性，主要方法有：模板匹配法、距离分类法、几何分类法、概率分类法和聚类分类法。

统计模式识别方法的优点是方法比较成熟，能考虑干扰和噪声的影响，识别模式基元能力强。其缺点是对结构复杂的模式抽取特征困难，不能反映模式的结构特征，难以从整体上考虑识别问题。

1.3.5.2 句法模式识别

在某些情况下，待识客体结构复杂且种类繁多，这将导致统计数据的剧增,使得我们难以得到表征每个模式类的矢量集,或由于维数过高使得计算成为不现实。这种情况下,很自然的想法是用一个比较简单的易于识别的子模式组成层次结构来描述一个复杂的模式。句法模式识别方法即是基于这样的想法,把复杂的模式逐步分解为简单的子模式的组合结构,运用形式语言和自动机技术进行模式识别的。句法结构模式识别的方法着眼于模式的结构特征,它将模式逐级分解为各级子模式,直至模式基元。

每个模式的描述是按一定规则将模式基元连接起来,组成描述语句。对基元的合成操作构成模式的规则叫语法。当模式的所有基元被辨识后,识别过程就可以通过执行语法分析来实现。

句法结构模式识别方法的优点是:识别方便,可以从简单的基元开始,由简到繁,能反映模式的结构特征,对信号的抗畸变能力强。它的缺点是当存在干扰及噪声时,基元的抽取比较困难。

1.3.5.3 神经网络模式识别

人工神经网络基于对人脑工作机理的研究,对人类智能行为进行模拟。近年来,人们对人工神经网络理论在模式识别领域中的应用进行了许多卓有成效的研究。目前用于模式识别的神经网络主要有:多层感知器、BP 网络、Kohonen 网络、Hopfield 网络、Hamming 网络、CG 网络、CMAC 网络等。利用人工神经网络方法进行模式识别有着许多明显的优点:

(1) 具有容错和容差能力,能识别带噪声或变形的输入模式;

(2) 具有很强的自适应能力;

(3) 能把识别处理和若干预处理融合在一起;

(4) 识别速度快,基于算法的并行性和数据存储的分布性,使得在硬件实现时具有高速度和潜在的超高速度;

(5) 有成熟的学习算法,便于学习和训练。

神经网络由于其自身的特点，在用于模式识别时也存在着一些不足，如学习时间过长，易陷入局部解，难以解决实例规模和网络规模之间的矛盾等，这些使得在模式识别时仅仅采用神经网络的方法难以达到较好的实用效果，但神经网络的一些设计思想可以为其他的模式识别方法提供很好的借鉴。

1.3.5.4 支持向量机模式识别

支持向量机(Support Vector Machine，简称 SVM)的研究源于统计学习理论，传统的统计学研究方法都是基于样本数目足够多的前提下开展的，然而在实际中，这一前提往往得不到保证。以 Bell 实验室 Vapnik 教授为首的研究小组从 20 世纪 60 年代开始致力于小样本情况下的机器学习研究工作，提出了统计学习理论，并在此基础上于 90 年代初提出了支持向量机这一通用学习方法。目前，统计学习理论和支持向量机已成为机器学习领域中新的研究热点。国内外专家、学者已逐步将其应用于字符识别、说话人辨认、遥感图像分析等诸多方面。

在模式识别领域，支持向量机研究的是如何根据有限学习样本，确定分类面，使在对未知样本进行估计时期望风险最小[80-82]。

1.4 本书研究的主要内容、创新点及难点

1.4.1 本书的主要研究内容

本书根据支持向量机识别技术的最新研究进展和煤与瓦斯突出预测的需要进行研究。主要研究内容如下：

(1) 研究煤与瓦斯突出的突变特征。从能量的观点和动量守恒的角度，分别建立突出的尖点突变模型，得出突出的突变机理和发生条件，从而为煤与瓦斯突出灾害预测与防治提供了新的理论依据。

(2) 研究瓦斯涌出的动态指标反映突出的理论依据。突出是边界条件复杂的、开放的含瓦斯煤岩系统在采掘活动扰动下发生的动力失稳现象。从突出孕育到激发以至发展的过程中，得出系统内部各要素之间及其与外部系统的非线性特征。煤巷掘进工作面瓦斯涌出量反映了煤的渗透性能、力学性质、煤层瓦斯压力和含量及煤层结构等因素，其变化特征成为表征煤层突出危险性的重要前兆。可以通过一种全新的途径，去深刻地认识突出的内在本质，这对突出的预测和防治工作具有重要意义。

(3) 运用混沌动力学理论，从煤矿瓦斯监控系统监测的瓦斯浓度序列出发，研究突出发生前与不发生突出的对比混沌运动特征，从而认识、了解和识别在突出演变发生过程中煤岩体所处的状态及其动力学行为。

创建煤巷掘进工作面瓦斯浓度时间序列混沌的判断。通过在线监测到的瓦斯浓度，获得瓦斯浓度的时间序列；基于分岔与混沌理论，对瓦斯涌出不稳定流动进行分析，揭示煤与瓦斯突出的非线性特征；基于 R/S 分析法预测瓦斯浓度的时间序列非线性趋势；然后编制改进的 Lyapunov 指数算法程序，判断时间序列是否混沌。

(4) 建立混沌特性的掘进工作面瓦斯涌出浓度预测模型。指出局域法中的不足是最邻近点与中心点的关联程度，提出计算最邻近点的新方法，能有效地防止产生伪邻近点。指出 Lyapunov 预报模式预测值的正负取舍对瓦斯浓度预报的整体精度有较大影响，提出 Lyapunov 预报模式预测值的判定思路，并且也提出相应的判定算法。根据小波分析变换的优点，提出基于小波与混沌集成的混沌时间序列的预测方法。

(5) 研究特征向量的选择与提取。应用支持向量机的理论，有机地融合时域和频域计算方法，分析煤矿瓦斯涌出的非线性特征；而核函数是解决非线性问题的有效手段，将核函数引入到特征提取中来。进一步，将小波分析理论与方法，应用到突出危险区瓦斯动态涌出浓度分析中，提出利用小波分析降低噪声，改进或提取特征向量的方法。

(6) 基于支持向量机煤与瓦斯突出的预警。人工神经网络作为解决复杂非线性问题的有效工具得到广泛应用。但由于这项技术缺乏坚实的理论基础，而且神经网络存在一些诸如收敛速度慢、局部极小点、过学习与欠学习以及需要大量的典型样本等不足，制约了人工神经网络在突出预测中的进一步应用和发展。近年来支持向量机(SVM)受到广泛关注，它以统计学习理论为指导，具有良好的泛化能力，避免了局部最优解，有效地克服了“维数灾难”。这为小样本机器学习提供了一种新方法，已应用于模式识别、回归分析和函数逼近等领域。根据煤矿突出特征，建立线性核函数、多项式核函数和径向基核函数模型，给煤矿的突出与不突出进行在线非接触式分类，达到安全预警的目的。

1.4.2 本书的创新点

(1) 在国内外对煤矿灾害的基础研究以及矿山重大灾害事故致因机理及动力学演化综合研究不断完善的情况下，运用突变理论来研究构建煤矿能量和动量守恒的尖点突变模型。

(2) 研究煤矿瓦斯涌出动态特征，对瓦斯涌出不稳定流动的机理进行分析。

(3) 本书将研究煤矿灾害作为一个复杂非线性系统，开发中采用混沌理论、相空间理论；研究瓦斯涌出的动态指标反映突出的理论依据；研究煤巷掘进工作面瓦斯浓度时间序列混沌的判断；建立非线性时间序列非稳特性的掘进工作面瓦斯涌出量动态预测模型。

(4) 定量分析灾害预测预报的敏感性指标或参数，寻求防止事故发生的途径和方法。

(5) 加入和强调时间维因素，实现对矿井事故征兆参数的远程实时在线监测、识别、预警、预测；应用支持向量机理论，建立工作面煤与瓦斯突出及非突出的支持向量机识别系统，用于在线预测工作面煤与瓦斯突出与否。

1.4.3 本书研究的难点

本书研究的主要难点是瓦斯涌出动态特征的获取，包括突出与非突出瓦斯涌出预兆特征以及煤与瓦斯突出与非突出的 V_{30} 预兆特征；瓦斯浓度的时间序列 Lyapunov 指数；通过非线性时间序列建立混沌特性的掘进工作面瓦斯涌出动态预测模型；支持向理机识别特征向量的提取、支持向量机模型的建立，包括编写计算机程序。

2　煤与瓦斯突出的突变特征

许多自然现象都有突发的特征，为了揭示出煤与瓦斯突出的机理，运用非线性理论的重要分支——突变学理论来研究煤与瓦斯突出的突变过程，从能量的观点和动量守恒的角度，分别建立了突出的尖点突变模型，研究了突出的突变机理和发生条件，从而为煤与瓦斯突出灾害预测与防止提供了新的理论依据。

2.1　突变理论基础

自然界中许多最有趣的现象都涉及不连续性[83]。这种不连续性体现在时间上，如波的破碎、细胞的分裂或者桥梁的倒塌，也可以体现在空间上，如物体的边界或两种生物组织之间的界面。然而应用数学家可利用的大多数技巧是设计用于连续性静态作定量研究的，这些方法主要以微积分为基础。经典的分叉理论则是处理参数变化时某些定性性态的改变，但系统地处理并成功地解决大量实际问题，则是从突变理论开始的。作为数学的一部分，突变理论是关于奇点的理论。它直接处理不连续性而不联系任何特殊的内在机制，这就使它特别适用内部作用系统尚属未知的研究，并适用于目前的观察结果具有不连续性的情况。

煤与瓦斯突出是含瓦斯煤岩系统在外界扰动下发生的动力失稳现象。从突出孕育到激发，以至发展的过程中，系统内部各要素之间及其与外部系统的相互作用具有明显的非线性特征。由于煤与瓦斯突出从孕育到激发，其启动过程具有突变的特征，是突变理论适用的范围。

法国数学家 Thom[84] 于 20 世纪 60 年代中期创立了突变理论，主要是研究各种突变不连续现象。其主要数学渊源是根据势函数把临界点分类，将各种领域的灾变现象归纳到不同类别的拓扑结构中去，进而研究各种临界点附近非连续性的特征，即为有限个数的若干个初等灾变。把得到的知识与对不连续现象的理论分析和观察资料相结合，就可以建立数学模型，更深刻地认识不连续现象的机理并作预测。

2.1.1 微分同胚

在突变分析中常常用微分同胚，通过控制变量的一个微分同坯，和在控制空间每一点处诸状态变化的一个微分同坯，把两个突变相互变换，则它们是等价的。微分同坯是一个一一对应的连续可微变换。如果两个几何对象之一可以连续地变形到另一个而无任何撕裂或粘合，则把它们看作是同坯或拓扑等价的。

2.1.2 突变类型

任何一个系统，其状态总要保持平衡，系统由一个平衡状态跃变到新的平衡状态时发生了突变。这个过程的全貌可通过一个光滑的平衡曲面来描述。突变理论所研究的就是描述这种突变过程的所有平衡曲面。

突变理论对所有的突变类型进行了分类，Thom 经过数学推导得出，突变类型的数目不取决于状态变量的数目，而取决于控制参量的数目。当控制参量不超过 4 维的情况下，自然界中的突变类型只有 7 种基本类型，按其几何形状可分别称为折叠型突变(fold catastrophe)、尖点型突变(cusp catastrophe)、燕尾型突变(swallow tail catastrophe)、蝴蝶型突变(butterfly catastrophe)、双曲脐点型突变(hyperbolic umbilic catastrophe)、椭圆脐点型突变(elliptic umbilic catastrophe)及抛物脐点型突变(parabolic umbilic catastrophe)[84]。7 种基本突变类型如表 2-1 所列。

表 2-1　　7 种基本突变类型

突变名称	状态变量数目	控制参量数目	势函数	平衡曲面方程
折叠型	1	1	$\frac{1}{3}x^3+ux$	$x^2+u=0$
尖点型	1	2	$\frac{1}{4}x^4+\frac{1}{2}ux^2+vx$	$x^3+ux+v=0$
燕尾型	1	3	$\frac{1}{5}x^5+\frac{1}{3}ux^3+\frac{1}{2}vx^2+wx$	$x^4+ux^2+vx+w=0$
蝴蝶型	1	4	$\frac{1}{6}x^6+\frac{1}{4}tx^4+\frac{1}{3}ux^3+wx$	$x^5+tx^3+ux^2+vx+w=0$
双曲脐点型	2	3	$\frac{1}{3}x^3+\frac{1}{3}y^3+wxy+ux+vy$	$x^2+wy+u=0$ $y^2+wx+v=0$
椭圆脐点型	2	3	$\frac{1}{3}x^3-\frac{1}{2}xy^2+\frac{1}{2}w(x^2+y^2)+ux+vy$	$x^2-\frac{1}{2}y^2+wx+u=0$ $-xy+wy+v=0$
抛物脐点型	2	4	$\frac{1}{4}y^4+\frac{1}{2}x^2y+\frac{1}{2}wx^2+\frac{1}{2}ty^2+ux+vy$	$xy+wx+u=0$ $y^3+\frac{1}{2}x^2+ty+v=0$

2.1.3 尖点突变

在 7 种突变类型中，尖点突变是最常见的，也是应用最广的。如王连国等[85]研究底板突水煤层的突变学特征，章梦涛等[86-88]应用尖点突变研究煤岩体突变模型，马中飞、王凯等[89-96]利用尖点突变研究煤与瓦斯突出机理。由于突出机理的复杂性，本章分别从能量的观点和动量守恒的角度，建立突出的尖点突变模型，研究突出的突变机理和发生条件，为煤与瓦斯突出灾害预测与防止提供新的理论依据。

尖点突变模型中包括2个控制变量和1个状态变量，其势函数的标准形式是：

$$V(x)=\frac{1}{4}x^4+\frac{1}{2}px^2+qx \tag{2-1}$$

其中：x 为状态变量，p、q 为控制变量。其平衡曲面 M 方程为：

$$\frac{\partial V}{\partial x}=x^3+px+q=0 \tag{2-2}$$

M 是一个性态很好的光滑曲面。奇点集满足方程：

$$\frac{\partial^2 V}{\partial x^2}=3x+p=0 \tag{2-3}$$

平衡曲面的折痕在 p-q 平面上的投影面称之为分歧点集，它是所有使得状态变量 x 产生突跳（突变）的点的集合，由式(2-2)和式(2-3)消去 x 得

$$4p^3+27q^2=0 \tag{2-4}$$

在图2-1（见33页）中，系统的状态是以 z，p，q 为坐标的三维空间中的一点 P 来代表的，即相点 P 必定总是位于由式(2-2)确定的平衡曲面 M 上。事实上，它必定总是位于顶叶或底叶上，因为无论 p，q 沿什么路径，中叶总是不可达的。P 点的位置由控制空间 p-q 平面中的一点表示。随着控制变量 p 和 q 的变化，这个控制点走出一条叫作控制轨迹的路径。同时，相点 p 沿着直接位于控制轨迹上方的平衡曲面 M 上的一条轨迹移动。p，q 的平稳变化几乎总是引起 x 的平稳变化，仅有的例外在控制轨迹越过分歧点集[满足式(2-4)]时出现。如果相点 P 恰好在曲面终止的边缘上（曲面回折而形成中叶处），则它必定跳跃到另一叶上，这即引起状态 x 的突变。

2.1.4 尖点突变特征

通过对尖点突变模型分析可以发现尖点突变的五个基本特征：

(1) 多模态:系统中可能出现两个或多个不同的状态,也就是说,系统的势在控制参数的作用下,有一个以上的局部极小值。如尖点突变只具有双模态,即具有两种不同的状态。

(2) 不可达性:这意味着系统至少有一个不稳定的平衡位置,此处既可以连续又可以不连续,在数学上是不可微的。尖点突变的中叶就是这样的一个不稳定的区域。

(3) 突跳:是指控制参量很小的变化引起状态变量很大的变化,从而导致系统从一个局部极小值临界点突跳到另一个局部极小值临界点。从一个局部极小值临界点向另一个极小值临界点或全局极小值临界点跳变的方式叫"滞后习惯"。采用理想延迟时,系统由一个消失的极小值跳跃到全局极小值或局部极小值,其势函数是不连续变化的;采用 Maxwell 约定时,势函数发生连续变化,但其导数不连续。

(4) 发散:一般情况下,控制参数的微小变化在平衡区面上只引起状态变量的微小变化,对于控制参量的微扰动也仅仅引起状态变量的微小增量。但是,在退化临界点的邻域里,控制参量的微小变化将导致状态变量很大的变化,这种不稳定性称作发散。

(5) 滞后:当物理过程不是严格可逆时,会出现滞后现象,即由第一个局部极小值跃向第二个局部极小值时,与由第二个局部极小值跃向第一个局部极小值时的控制参数平面的突跳点不同。适合 Maxwell 约定的势函数不出现滞后现象。

2.2 煤与瓦斯突出机理

煤与瓦斯突出是由地应力、瓦斯和煤的物理力学性质等因素综合作用的结果,但是地应力、瓦斯各自在突出中的作用尚未得到满意的解释[44]。

20 世纪 60 年代中期,苏联的 B. B. 霍多特[9]提出了突出的能量理论。能量理论认为煤岩体破坏而导致瓦斯、煤体系统能量平衡被打破，这至今仍有指导意义。在地下深处的煤岩层，由于地应力场的作用，具有很高的变形潜能，瓦斯的存在使煤体具有较高的瓦斯内能。在高地应力及瓦斯压力的条件下，并且在近工作面区域煤层的应力状态发生突然变化时，形成自由空间释放能量时就有可能引起煤与瓦斯突出。

2.2.1 煤层变形潜能

为了估算煤层由一种应力状态转到另一种应力状态时，煤层产生的变形潜能，必须采用下面的假设：在发生动力现象时的煤层应力变化的短暂时间内，顶底板岩石变形很小，煤层只是向巷道方向变形。

如果在 y 轴与 z 轴方向上应变分量等于零，那么，在 x 轴方向上煤的变形潜能为[9]：

$$W=\frac{1}{2}\varepsilon_x\sigma_x \tag{2-5}$$

式中　ε_x、σ_x——分别为向巷道方向的应变与应力。

若已知煤的残余弹性模量 E，则 ε_x 可用应力来表示：

$$\varepsilon_x=\sigma_x/E \tag{2-6}$$

当由应力状态 σ_{x1} 变到应力状态 σ_{x2} 时，聚集或释放的潜能数量为：

$$W=\frac{\sigma_{x1}^2-\sigma_{x2}^2}{2E} \tag{2-7}$$

工作面推进 l (m)以前，原始的应力方程为：

$$\sigma_x=\frac{K\nu}{\lambda}\left[\mathrm{e}^{\varphi(x+l)}-1\right] \tag{2-8}$$

式中　K——煤的抗剪阻力；

ν、λ——取决于煤的内摩擦角的参数。

$$\varphi=\frac{2f\lambda}{m} \tag{2-9}$$

式中 f——煤沿底板与顶板的摩擦系数；

m——煤层厚度。

将起始与最终的应力代入式(2-7)，得出距煤层边缘 x (m)某点处释放出的潜能量[9]为：

$$W=\frac{1}{2E}\left(\frac{K\nu}{\lambda}\right)^2\{[e^{\varphi(x+l)}-1]^2-(e^{\varphi x}-1)^2\}$$

$$=\frac{1}{2E}\left(\frac{K\nu}{\lambda}\right)^2(Ae^{2\varphi x}-2Be^{\varphi x}) \tag{2-10}$$

式中，$A=e^{2\varphi l}-1$；$B=e^{\varphi l}-1$。

2.2.2 瓦斯内能

霍多特应用热力学第一定律计算了瓦斯内能，所得的瓦斯内能没有全部参与突出，只有解吸出来的瓦斯能才对突出起作用。煤样中的瓦斯解吸是一个漫长的过程，而突出过程是一个快速发展的过程，小型突出只有几秒，大型突出也只有几十秒，在突出过程中瓦斯解吸的时间可能只有毫秒级，依靠这段时间解吸出来的瓦斯能量把瓦斯质点从原始位置抛向巷道空间。煤体质点刚刚破碎时最先释放出来的瓦斯能作为瓦斯内能，即采用李晓伟、蒋承林研究的初始瓦斯膨胀能[97]，其计算式如下：

$$W_p=\frac{P_{if}V_{if}}{k-1}\left[1-\left(\frac{P_0}{P_{if}}\right)^{\frac{k-1}{k}}\right] \tag{2-11}$$

式中 W_p——初始释放瓦斯膨胀能，J；

P_{if}——煤体质点初始释放出来的瓦斯在膨胀前所具有的压力，Pa；

V_{if}——煤体质点初始释放出来的瓦斯在膨胀前所具有的体积，m^3；

k——瓦斯的绝热指数，对于甲烷来说，$k=1.3$；

P_0——瓦斯膨胀后的压力，可近似取大气压力，Pa。

在煤层掘进或回采工作面前方一般可分为三个应力带，即卸压带、集中应力带和原始应力带。卸压带内的地应力与瓦斯压力值都比它们的原始值大为降低；集中应力带内的地应力比原始值高，煤层透气性急剧降低，阻止瓦斯的排放，所以保持着较高的瓦斯压力梯度和瓦斯压力值，但是其瓦斯压力值仍然比煤体质点初始释放出来的瓦斯压力 P_{if} 小，也就是说该点煤体所具有的瓦斯内能比初始瓦斯膨胀能小。

B. B. 霍多特通过研究有关瓦斯压力变化的大量资料后认为，作用于巷道方向，从工作面煤壁到瓦斯压力增大到原始压力 P_{if} 的区域内，瓦斯压力 P 可按下面的经验公式计算[9]：

$$P=\sqrt{\frac{Gk_0}{A}}x=C'x \tag{2-12}$$

式中　x——工作面前方煤层内距煤壁的距离，m；

C'——与煤层初始瓦斯压力 P_{if} 和渗透性能有关的常数，可通过试验测出，$C'=\sqrt{\frac{Gk_0}{A}}$。

由式(2-11)和(2-12)得出距工作面煤壁 x (m)处煤体的瓦斯内能为：

$$\begin{aligned}Q&=\frac{PV_{if}}{k-1}\left[1-\left(\frac{P_0}{P_{if}}\right)^{\frac{k-1}{k}}\right]\\&=\frac{C'xP_{if}}{P_{if}(k-1)}\left[1-\left(\frac{P_0}{P_{if}}\right)^{\frac{k-1}{k}}\right]\\&=CW_px\end{aligned} \tag{2-13}$$

式中，$C=C'/P_{if}$。

2.2.3　煤的破碎功

激发突出的能量大部分消耗于煤的破碎上。B. B. 霍多特通过试验得出在承受岩石压力的煤层中，煤的破碎功的经验公式表示为[9]：

$$U=\frac{1}{r_n^2}NVU_{\max}R_{\min}\alpha \mathrm{e}^{n\varphi x}=\alpha U_0\mathrm{e}^{n\varphi x} \tag{2-14}$$

式中　U——煤的破碎功；

U_0——将煤粉碎至细尘时的最大功；

n、α——常数，$n=0.010\ 5\ \mathrm{cm^2/kg}$。

2.2.4　被破碎煤的移动功

煤在自然条件下的破碎是一个复杂的过程，煤的移动功只考虑从一种应力状态过渡到另一种应力状态时煤的移动所做的功。煤层一个部分的移动功是用以克服变形区段伸长时同顶底板和煤体接触处的摩擦力所做的功。B. B. 霍多特推导的克服摩擦力所做的移动功为[9]：

$$\begin{aligned}F&=\frac{\Pi f(K\nu)^2}{2\varphi^2E\lambda}(2\mathrm{e}^{2\varphi l}-1)(\mathrm{e}^{\varphi x}-1)^2\\&=\frac{\Pi f(K\nu)^2A}{2\varphi^2E\lambda}(\mathrm{e}^{\varphi x}-1)^2\end{aligned} \tag{2-15}$$

式中　F——被破碎的煤的移动功；

Π——移动着的煤区段的周长；

f——煤沿某一表面移动时，与该面的摩擦系数；

E——煤的弹性模量。

在煤与瓦斯的突出过程中，煤层变形潜能和瓦斯的内能是突出的动力能，煤的破碎功和被破碎煤的移动功是阻力功，只有动力能大于阻力功才是发生突出的必要条件。

2.3　煤与瓦斯突出过程的突变分析

煤与瓦斯突出是煤矿矿井中的严重灾害，是煤矿煤岩瓦斯动力中危害性最大的一种。通常所说的含瓦斯煤岩突出是指在煤矿地下采掘过程中，在很短时间内从煤岩壁内部向采掘工作面突然喷出煤岩和瓦斯的现象。它是一种伴有震动声响和强烈冲击的动力现象,不仅破坏矿井通风系统,使井巷充满瓦斯和含瓦斯煤岩抛出物,同时可能引起瓦斯爆炸与火灾事故,导致生产中断等。特别是随着开采深度的增加,瓦斯压力和地应力增大,相应的瓦斯内能和煤层的变形潜能也增长,造成含瓦斯煤岩突出诱发灾害越来越多,瓦斯突出的预测与防治工作难度越来越大。从能量的观点来看,煤与瓦斯突出是相应的含瓦斯煤岩系统在外界扰动下发生的能量失稳现象。从突出孕育到激发以至发展的过程中,系统内部各能量之间与煤的破碎功和被破碎煤的移动功具有明显的非线性特征。煤岩体受力破坏,应力应变全过程具有高度非线性。本文试图寻找一种有效的非线性理论对煤与瓦斯突出在整体上把握突出机制与突出条件,因此采用非线性的突变理论来研究。

2.3.1 煤与瓦斯突出的尖点突变势函数

根据煤岩体中的煤层变形潜能、瓦斯内能在煤与瓦斯突出过程起动力作用,煤的破碎功和被破碎煤的移动功起阻力作用,建立煤岩体能量方程如下:

$$V=W+Q-U-F \tag{2-16}$$

把式(2-10)、(2-13)、(2-14)和(2-15)代入式(2-16),并化简得:

$$\begin{aligned} V &= \mathrm{e}^{2\varphi x}\left[\frac{A}{2E}\left(\frac{K\nu}{\lambda}\right)^2-\frac{A\Pi f(K\nu)^2}{2\varphi^2 E\lambda}\right]+ \\ &\quad \mathrm{e}^{\varphi x}\left[\frac{A\Pi f(K\nu)^2}{\varphi^2 E\lambda}-\frac{B}{E}\left(\frac{K\nu}{\lambda}\right)^2\right]- \\ &\quad \alpha U_0\mathrm{e}^{n\varphi x}+CW_{\mathrm{p}}x-\frac{A\Pi f(K\nu)^2}{2\varphi^2 E\lambda} \\ &= m_1\mathrm{e}^{2\varphi x}+m_2\mathrm{e}^{\varphi x}-m_3\mathrm{e}^{n\varphi x}+m_4x-m_5 \end{aligned} \tag{2-17}$$

其中,$m_1=\frac{A}{2E}\left(\frac{K\nu}{\lambda}\right)^2-\frac{A\Pi f(K\nu)^2}{2\varphi^2 E\lambda}$;$m_2=\frac{A\Pi f(K\nu)^2}{\varphi^2 E\lambda}-\frac{B}{E}\left(\frac{K\nu}{\lambda}\right)^2$;

$m_3=\alpha U_0$；$m_4=CW_p$；$m_5=\dfrac{A\Pi f(K\nu)^2}{2\varphi^2 E\lambda}$。

2.3.2　尖点突变模型

对应于尖点突变理论，我们选取距煤壁距离 x 为状态变量。令式(2-17)的微分为零，得平衡曲面方程为：

$$\frac{\partial V}{\partial x}=2\varphi m_1 e^{2\varphi x}+\varphi m_2 e^{\varphi x}-n\varphi m_3 e^{n\varphi x}+m_4=0 \qquad (2\text{-}18)$$

与一般将平衡曲面方程在尖点($\dfrac{\partial^3 V}{\partial x^3}=0$)处作 Taylor 展开不同，将平衡曲面方程在 x 附近的一个数值 x_z 处(使 $|x-x_z|<1$)作 Taylor 级数展开，并截取三次幂得：

$$\frac{\partial V}{\partial x}=n_1(x-x_z)^3+n_2(x-x_z)^2+n_3(x-x_z)+n_4=0 \qquad (2\text{-}19)$$

其中，$n_1=\dfrac{8}{3}\varphi^4 m_1 e^{2\varphi x_z}+\dfrac{1}{6}\varphi^4 m_2 e^{\varphi x_z}-\dfrac{1}{6}n^4\varphi^4 m_3 e^{n\varphi x_z}$；

$n_2=4\varphi^3 m_1 e^{2\varphi x_z}+\dfrac{1}{2}\varphi^3 m_2 e^{\varphi x_z}-\dfrac{1}{2}n^3\varphi^3 m_3 e^{n\varphi x_z}$；

$n_3=4\varphi^2 m_1 e^{2\varphi x_z}+\varphi^2 m_2 e^{\varphi x_z}-n^2\varphi^2 m_3 e^{n\varphi x_z}$；

$n_4=2\varphi m_1 e^{2\varphi x_z}+\varphi m_2 e^{\varphi x_z}-n\varphi m_3 e^{n\varphi x_z}+m_4$。

对式(2-19)作变量代换：

$$z=x-x_z+\frac{n_2}{3n_1}$$

$$p=\frac{n_3}{n_1}-\frac{n_2^2}{3n_1^2} \qquad (2\text{-}20)$$

$$q=\frac{n_4}{n_1}+\frac{2n_2^3}{27n_1^3}-\frac{n_2 n_3}{3n_1^2}$$

得到以 z 为状态变量，以 p、q 为控制变量的尖点突变理论标准形式的平衡曲面方程为：

$$\frac{\partial V}{\partial z}=z^3+pz+q=0 \qquad (2\text{-}21)$$

平衡曲面方程(2-21)的一阶导数为：

$$\frac{\partial^2 V}{\partial z^2}=3z^2+p=0 \tag{2-22}$$

由式(2-21)、(2-22)消去 z，得到分叉集方程为：

$$4p^3+27q^2=0$$
$$\Delta=4p^3+27q^2 \tag{2-23}$$

势函数仅在分叉集上有退化的临界点，故对于整个能量模型系统而言，只有在式(2-23)中 $\Delta=4p^3+27q^2\leqslant 0$ 成立时，系统才是不稳定的，才能由一个平衡状态突变至另一个平衡状态。

2.3.3　煤与瓦斯突出的突变条件

在分叉集 B 中，显然只有当 $p\leqslant 0$ 时式(2-23)才能被满足，但当 $p=0$ 时，按式(2-23)有 $q=0$，由式(2-21)可知此时 $z=0$ 是三重零点，因此系统只会产生突跳量为零的突变。而对于煤与瓦斯突出有意义的是突跳量取有限值的突变，由图可直观看出，显然只有当 $p<0$ 时才能实现，因此从式(2-20)可知：

$$p=\frac{n_3}{n_1}-\frac{n_2^2}{3n_1^2}<0 \quad 得 \quad n_3<\frac{n_2^2}{3n_1} \tag{2-24}$$

即式 $n_3<\frac{n_2^2}{3n_1}$ 是煤岩体发生煤与瓦斯突出的必要条件，反映了煤岩体的能量关系，取决于煤岩体的内部特性。由图 2-1 可看出，只有当系统跨分叉集左支时才可能发生突出。用 $z=z_0=$常数的平面截平衡曲面，即将 z_0 代入式(2-21)可得：

$$p=-\frac{q}{z_0}-z_0^2 \tag{2-25}$$

式(2-25)是不经过原点的直线方程，其在平衡曲面及 p-q 控制平面如图 2-1 所示。当控制变量(p,q)跨越分叉集时，煤岩体系统就发生突变；若 p、q 的变化不会跨越分叉集，则煤岩体系统不会发生煤与瓦斯突出。

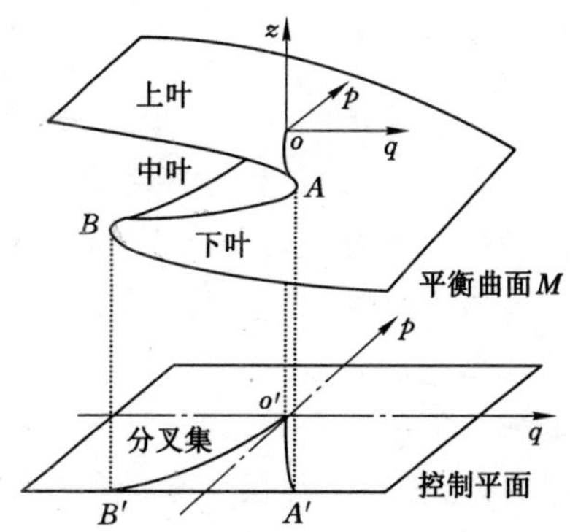

图 2-1 煤与瓦斯突出的尖点突变模型

从总能量分析，状态变量与控制变量的关系由式(2-21)给出，由式(2-21)及图 2-1 可知，平衡曲面分为三叶，即上叶、中叶、下叶。上叶和下叶表示为：

$$\frac{\partial V}{\partial z}=0,\quad \frac{\partial^2 V}{\partial z^2}>0 \tag{2-26}$$

而中叶表示为：

$$\frac{\partial V}{\partial z}=0,\quad \frac{\partial^2 V}{\partial z^2}<0 \tag{2-27}$$

在上叶、下叶总能量取极小值，煤岩体系统处于稳定状态；在中叶上能量取极大值，中叶表示不稳定状态，中叶上的点在理论上是不能达到的。因此，当控制变量(p,q)变化时，只要不跨越分叉集，煤岩体系统的稳定性就不会发生性质上的变化；当控制变量(p,q)跨越分叉集时，煤岩体系统则发生突变。

把式(2-20)代入式(2-23)的分叉集方程，并与式(2-24)组合，得到煤与瓦斯突出的尖点突变模型，即：

$$4\left(\frac{n_3}{n_1}-\frac{n_2^2}{3n_1^2}\right)^3+27\left(\frac{n_4}{n_1}+\frac{2n_2^3}{27n_1^3}-\frac{n_2 n_3}{3n_1^2}\right)^2=0 \tag{2-28}$$

$$n_3 < \frac{n_2^2}{3n_1}$$

按照目前大多数学者拥护的煤与瓦斯突出的综合假设，认为突出是地应力、瓦斯压力和煤的结构性能综合作用的结果。当煤层由一种应力状态转到另一种应力状态时，煤层变形潜能释放出来。若煤层变形潜能大于煤体的破碎功，煤体被破碎，这为增强瓦斯涌出和煤中所含瓦斯内能释放提供了条件。开采煤层时，煤中所含瓦斯内能不能成为突出的主要原因，但是，如果在岩石压力破碎的过程中，为瓦斯压力传布于煤层整个面积和瓦斯快速解吸提供了条件，此时瓦斯内能将在突出的发展过程中起主导作用。煤层破碎比较快时，为瓦斯涌出提供了良好的条件，即使瓦斯压力不大，也是能完成煤向巷道抛出的功。相反的，虽然瓦斯压力高，但煤破碎程度不够或缓慢破碎，则瓦斯将被封闭在煤的孔隙面，而瓦斯内能消耗于逐渐向巷道的涌出上，即消耗于缓慢的渗透过程，不会引起突出。

2.4　基于动量守恒的煤与瓦斯突出突变分析

上一节根据煤岩体的能量，讨论了煤与瓦斯突出的突变机理，这节从动量守恒的观点，研究煤与瓦斯突出的突变情况。煤层原来处于地应力的受压状态下，开挖后，煤体的受载模式以及内部瓦斯的渗出使开挖面处有较大的应变，煤体结构可能破坏，在一定条件下开挖面一层煤与母体分离而随瓦斯流抛出。文献[98]指出，突出煤体破裂阵面呈层状剥离状态。煤体的这种层状破裂可称为层裂，被剥离的有限厚度的煤体可称为层裂片。煤体被层状剥离后，破裂阵面处空隙膨胀导致空隙内瓦斯压力急剧下降。如果破裂阵面在初始时刻保持较为完整，则有可能在该空隙内集聚越来越多的瓦斯，破裂阵面继续向煤体深部发展，破裂阵面间相对运动速度越来越大，空隙里的气体压降也就越迅速，煤体破坏也就容易稳定地发展下去，最终把破裂阵面抛出并粉碎，形成突出。在足够的地应力和瓦斯压力作用下，煤体的破裂阵面继续向深部发展，持续地形成和抛出破裂阵面，突出就进入发展阶段。如果破裂阵面在初始形成时便充分破坏，则在破裂阵面处空隙中集聚的瓦斯将通过破裂阵面内的径向孔隙和裂隙向巷道空间快速渗流，空隙中就可能集聚不起更高的瓦斯压力，破裂阵面也不可能被抛出，致使破裂阵面向煤体深部的发展速度变缓，突出就不会发生。

2.4.1　煤体破裂阵面运动微分方程

破裂阵面 B 的发展与开挖面 A 是密切相关的，是由开挖面造成的，如图 2-2 所示。为了简化计算，假设破裂阵面 B 的发展速度与开挖面 A 的推进速度一致。

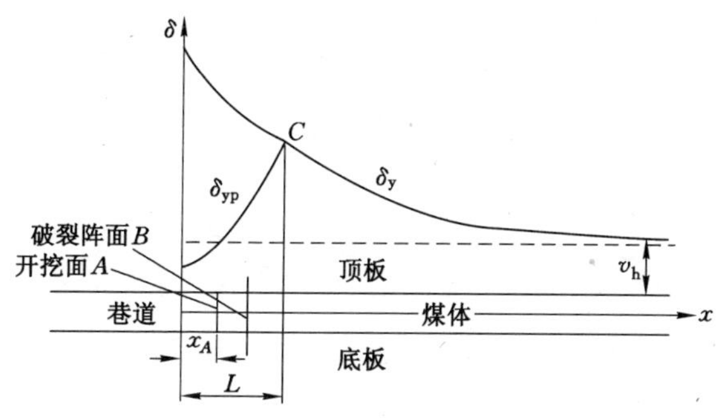

图 2-2　煤体层裂模型

实际开挖面的掘进是起伏的，简化为恒速掘进，建立破裂阵面的一维质量和动量守恒方程[99,100]：

$$\varepsilon_0\omega_c\frac{\mathrm{d}\rho}{\mathrm{d}x}+\varepsilon_0\frac{\mathrm{d}(\rho u)}{\mathrm{d}x}+(1-\varepsilon_0)\omega_c\frac{\mathrm{d}q}{\mathrm{d}x}=0 \tag{2-29}$$

$$\varepsilon_0 \frac{\mathrm{d}p}{\mathrm{d}x} - \varepsilon_0 (u+\omega_c)^2 \frac{\mathrm{d}\rho}{\mathrm{d}x} - (1-\varepsilon_0)\omega_c(2u+\omega_c)\frac{\mathrm{d}q}{\mathrm{d}x} = -f_i \tag{2-30}$$

式中　ε_0——均匀煤体的孔隙率。取等温气体关系，线性吸附规律及线性相间作用律：

$$p=C^2\rho\ ;\quad q=Q\rho;\quad f_i=\frac{\varepsilon_0^2 u}{k_0}\mu \tag{2-31}$$

C——瓦斯气体等温声速；

Q——单位固体体积所附着的瓦斯质量随压力的变化率；

μ——瓦斯黏性系数；

k_0——煤的渗透率；

ω_c——破裂阵面向煤体深部的发展速度；

p、ρ、u——游离瓦斯的压力、密度和速度；

x——破裂阵面距煤壁的距离。

用λ记游离瓦斯在总瓦斯中所占的比例，这是个无量纲参数：

$$\lambda=\frac{\varepsilon_0}{\varepsilon_0+(1-\varepsilon_0)C^2 Q}\leqslant 1 \tag{2-32}$$

并作如下无量纲化：

$$P=\frac{p}{p_{\mathrm{if}}};\quad U=\frac{u}{C};\quad \omega_c=\frac{\omega_c}{C};\quad X=\frac{\lambda\varepsilon_0\mu C^2 x}{k_0 p_{\mathrm{if}}\omega_c} \tag{2-33}$$

式中　p_{if}——取煤巷开挖前煤体内的原始瓦斯压力。

质量积分式(2-29)和动量方程式(2-30)可分别写成无量纲形式：

$$\frac{\lambda U}{\omega_c}=\frac{1-P}{P} \tag{2-34}$$

$$-\frac{\mathrm{d}P}{\mathrm{d}X}=\frac{\lambda U}{H-\left(1+\dfrac{\lambda U}{\omega_c}\right)^2}=\frac{P(1-P)}{HP^2-1} \tag{2-35}$$

其中

$$H=1-\lambda+\left(\frac{\lambda}{\omega_{c}}\right)^{2}>0 \tag{2-36}$$

由式(2-35)积分得到：

$$X=(H-1)\ln\left|\frac{\sqrt{H}(1-P)}{\sqrt{H}-1}\right|+\ln\left|\sqrt{H}P\right|+HP-\sqrt{H} \tag{2-37}$$

取式(2-37)的 X 计算一阶导数且等于零，即$\frac{\partial X}{\partial P}=0$，得到 X 的极值点。易解$\frac{\partial X}{\partial P}=0$ 时，得：

$$P=\frac{1}{\sqrt{H}} \tag{2-38}$$

2.4.2 煤体破裂阵面发展速度

将式(2-33)中的第一项及式(2-36)代入式(2-38)，得：

$$\frac{p}{p_{\text{if}}}=\frac{1}{\sqrt{1-\lambda+\left(\frac{\lambda}{\omega_{c}}\right)^{2}}} \tag{2-39}$$

可以将式(2-39)化成：

$$F(w)=w^{2}+\frac{\lambda^{2}p^{2}}{(1-\lambda)p^{2}-p_{\text{if}}^{2}} \tag{2-40}$$

由于拓扑变换的条件下突变类型不会改变，因此可以采用拓扑学的方法[84]，根据式(2-40)来生成描述煤岩体层裂波发展速度的突变势函数 $V(w)$，假定 $F(w)$与势函数的二阶偏导数$\frac{\partial^{2}V}{\partial w^{2}}$拓扑等价，即$\frac{\partial^{2}V}{\partial w}\sim F(w)$，同时，设有一微分同胚 Φ：

$$\sqrt{3}w\rightarrow w \tag{2-41}$$

$$a\rightarrow\frac{\lambda^{2}p^{2}}{(1-\lambda)p^{2}-p_{\text{if}}^{2}} \tag{2-42}$$

则

$$F(w) \sim 3w^2 + a \tag{2-43}$$

根据拓扑等价$\frac{\partial^2 V}{\partial w} \sim F(w)$有：

$$\frac{\partial^2 V}{\partial w^2} \sim 3w^2 + a \tag{2-44}$$

将式(2-44)积分一次，得到：

$$\frac{\partial V}{\partial w} \sim w^3 + aw + J \tag{2-45}$$

其中，J 为一个积分常数，根据突变理论，J 是与参数 a 相独立的另一扩展参数。在此可假设其拓扑等价于煤体层裂波发展的阻力参数 b，即 $J \backsim b$，则有：

$$\frac{\partial V}{\partial w} \sim w^3 + aw + b \tag{2-46}$$

式(2-46)就是突变函数的平衡曲面方程。

对式(2-46)再积分一次，便可得到煤体层裂波发展速度的突变势函数：

$$V(w,a,b) = \frac{1}{4}w^4 + \frac{1}{2}aw^2 + bw \tag{2-47}$$

其中的积分常数因为不影响突变性质而被略去。由式(2-46)、(2-47)都可看出，煤体层裂波发展速度的突变属于尖点突变类型，也即煤与瓦斯突出属于尖点突变类型。平衡曲面 M 方程为：

$$\frac{\partial V}{\partial w} = w^3 + aw + b = 0 \tag{2-48}$$

奇异点集 S 方程为：

$$\frac{\partial^2 V}{\partial w^2} = 3w^2 + a = 0 \tag{2-49}$$

由式(2-48)和(2-49)联立消去 w，得到分叉集 K 为：

$$4a^3 + 27b^2 = 0 \tag{2-50}$$

三维空间的坐标分别为控制参数 a，b 和状态变量 w（w 代表煤体层裂波发展速度)，如图 2-3 所示。从 C 点出发，随着控制参数的连续变化，系统状态沿路径 C 演化到 C'，状态变量连续变化，不发生突变；而从 D 点出发沿路径 DD' 演化，当接近中叶时，只要控制参数有微小的变化，系统状态就会发生突变，从下叶跃迁到上叶。这说明系统只有在跨越分叉集时，才能发生突变。因此式(2-50)是发生煤与瓦斯突出的充要条件的判据。

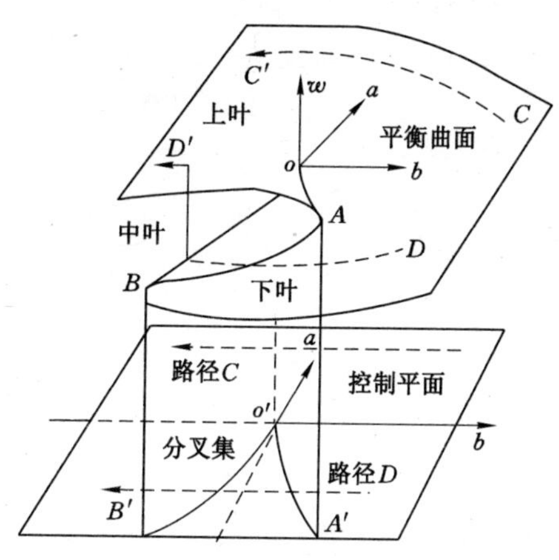

图 2-3　煤与瓦斯突出的尖点突变模型

平衡曲面 M 是煤体层裂波发展速度的流形，a、b 分别表示控制煤体层裂波发展的阻力大小和瓦斯压力大小；分叉集 K 为突变曲线。在分叉集 K 中，显然只有当 $a \leqslant 0$ 时式(2-50)才能被满足，才能跨越分歧点集。因而由式(2-42)可得煤岩体发生煤与瓦斯突出的必要条件如下：

$$\frac{\lambda^2 p^2}{(1-\lambda)p^2 - p_{\mathrm{if}}^2} \leqslant 0 \tag{2-51}$$

化简式(2-51)得：

$$p_{\mathrm{if}} \geqslant \sqrt{1-\lambda}\, p \tag{2-52}$$

根据煤与瓦斯突出的能量来源可分为三种类型：瓦斯突出（简称瓦出）、地压突出（简称压出）和重力突出（简称倾出）[32]。现分别计算它们发生突出的必要条件。

(1) 煤与瓦斯压出与倾出的必要条件。煤体初始破裂阵面空隙内的瓦斯压力 p 大于巷道开挖面处的大气压力 p_0。煤体初始破裂阵面空隙内的瓦斯压力 p 与巷道开挖面处的大气压力 p_0 之差称为超差 Δp，即 $\Delta p=p-p_0$。根据方健之等[98]的实验发现，当超压 Δp 在 0.05～0.1 MPa 时，煤体破裂阵面开裂，破裂阵面不粉碎；而当 $\Delta p>0.1$ MPa 以后才可观察到有煤体被粉碎的突出现象，取 $\Delta p=0.1$ MPa。煤层赋存的瓦斯量，通常吸附瓦斯量占 80%～90%，游离瓦斯量占 10%～20%[34]，因此把游离瓦斯在总瓦斯中所点的比例 λ 取为 10%，即 $\lambda=10\%$；巷道开挖面处的大气压力 $p_0=0.1$ MPa。

把 $\lambda=10\%$，$p=p_0+\Delta p=0.1+0.1=0.2$ MPa，代入式(2-52)，得：

$$p_{\mathrm{if}}\geqslant\sqrt{1-\lambda}\,p=0.189\,7\ (\mathrm{MPa}) \tag{2-53}$$

煤巷开挖前煤体内的原始瓦斯压力大于等于 0.189 7 MPa 是煤岩体发生煤与瓦斯压出与倾出的必要条件。换言之，掘进工作面前方应力集中带的瓦斯压力只有大于等于 0.189 7 MPa 才可能发生煤与瓦斯压出与倾出，但是不是必定要发生突出。文献[32]指出：瓦斯在压出与倾出中的作用是次要的，瓦斯压力一般不高，约 2 个大气压以上。本节所计算的原始瓦斯压力与文献[9]和[32]是相吻合的，说明基于动量守恒的煤与瓦斯突出突变分析是正确的，具有一定的现实意义。

(2) 煤与瓦斯突出的必要条件。文献[32]指出：对于突出，因为主要能源是瓦斯的压缩能，所以需要的瓦斯压力较高，一般达 7～10 个大气压时就可能发生突出。这里取 $\Delta p=0.7$ MPa，游离瓦斯量与前面相同取 $\lambda=10\%$，巷道开挖面处的大气压力也为 $p_0=$

0.1 MPa。

把 $\lambda=10\%$，$p=p_0+\Delta p=0.1+0.7=0.8$ MPa，代入式(2-52)，得：

$$p_{if}\geqslant\sqrt{1-\lambda}\,p=0.7589\ (\mathrm{MPa}) \tag{2-54}$$

就突出而言，煤巷开挖前煤体内的原始瓦斯压力大于等于0.758 9 MPa是煤岩体发生煤与瓦斯突出的必要条件。换言之，掘进工作面前方应力集中带的瓦斯压力只有大于等于0.758 9 MPa才可能发生瓦斯突出，但是不是必定要发生突出。这与《防治煤与瓦斯突出细则》规定的瓦斯压力为0.74 MPa是相吻合的，再次说明了基于质量守恒与动量守恒的煤与瓦斯突出突变分析是正确的，具有一定的指导意义。

2.5 本章小结

(1) 建立了煤岩体的能量模型；用突变理论方法，建立了煤与瓦斯尖点突变模型，通过对突变控制变量的分析，定性地解释了煤与瓦斯突出过程的机理。煤层突出与否不但取决于煤的变形潜能和煤体的瓦斯内能，也取决于煤的破碎功和被破碎煤的移动功。若煤层中存在煤的软分层，则煤的破碎功较小，在其他条件相同的条件下就更容易发生突出。

(2) 从非线性突变理论的角度对煤与瓦斯突出进行了研究，考察可能发生突出的含瓦斯煤岩系统的内在动力特征，确定了影响突出的各因素与突出危险性之间复杂的映射关系，得到了煤与瓦斯突出的尖点突变模型，研究了突出启动的突变机理和突变条件，进一步加深对突出本质规律的认识。

(3) 基于煤体破裂阵面的质量守恒与动量守恒模型，建立了煤与瓦斯突变模型，得出了煤巷开挖前煤体内的原始瓦斯压力大于等于0.189 7 MPa是煤岩体发生煤与瓦斯压出与倾出的必要条件。这种方法的计算结果与文献[9]和[32]规定的瓦斯压力约 2 个大气压相接近,说明此研究分析是正确的,具有一定的现实意义。

(4) 对于瓦斯突出,煤巷开挖前煤体内的原始瓦斯压力大于等于 0.758 9 MPa 是煤岩体发生煤与瓦斯突出的必要条件。这与《防治煤与瓦斯突出细则》规定的瓦斯压力为 0.74 MPa 是相吻合的,再次说明了基于质量守恒与动量守恒的煤与瓦斯突出突变分析是正确的,具有一定的指导意义。

3 煤巷掘进工作面瓦斯涌出量预测煤与瓦斯突出的理论

瓦斯在煤层中的流动是一个相当复杂的过程，它的涌出量主要决定于煤层瓦斯压力和煤层的透气系数，而煤层的透气系数受到了地应力、瓦斯压力、煤层的地质条件、开采空间的形状和分布等因素的影响。煤巷掘进工作面瓦斯涌出量的动态变化反映了煤的渗透性能、力学性质、煤层瓦斯压力和含量及地应力等因素的变化，而成为表征煤层突出危险性的重要前兆和预测指标，并能取得较好的应用效果。

3.1 煤与瓦斯突出的影响因素

3.1.1 地质构造对煤与瓦斯突出的影响

查阅资料分析，在发生突出的地段内，煤岩层产状及其变化、地质构造的类型、规模、性质、疏密程度、排列组合及构造部位等的差异，对煤与瓦斯突出均有不同程度的影响。在具有良好的瓦斯形成及保护地质条件的前提下，上述某些方面的特殊性是发生突出的重要内在因素。地质构造与突出的关系表现如下：

(1) 煤岩层产状及其变化与突出的关系密切。在煤岩层走向、倾向或倾角突然变化的部位，多属于应力集中的地段，应力变化梯度大，瓦斯渗透率的变化较大，表现为煤层瓦斯涌出量的变化大，这些部位突出危险性较大。

(2) 突出危险性与褶皱紧闭程度、复杂程度有关。煤层形变量越大,突出的危险性越大。在不协调褶皱发育的多煤层矿井,不同煤层的突出危险程度,与煤层的褶皱幅度、强度密切相关。此时非褶皱紧闭煤层与褶皱紧闭煤层的瓦斯压力是不同的,表现为煤层瓦斯涌出量的变化。

(3) 同煤层的不同分层的比较,突出危险程度决定于层间滑动和层间揉皱的发育程度。软硬相间的煤、岩层或同一煤层的不同自然分层,由于力学性质的差异,在褶皱过程中常常发生层间滑动,产生层间揉皱,造成不自然分层煤体结构的破坏程度的差异。破坏严重的煤分层,突出危险性增大。

(4) 在褶皱的不同部位,突出的危险性也有较大差异。一般褶曲轴部的突出危险性大于翼部。有些矿区在断层两侧牵引褶曲的轴部突出点分布集中。

(5) 断裂构造是岩层受应力作用发生脆性变形的一种表现。沿破裂面发生明显变形的断层,可根据两盘相对位移分为多种类型;按力学性质又可分为张性、压性、扭性等几种形式。不同类型、不同力学性质及不同规模的断层,不仅对瓦斯保护和排放有影响,而且与煤与瓦斯突出也密切相关。突出点主要分布在瓦斯涌出量升高区范围内,这种特点对预测突出点的分布有一定的意义。井田范围内或在煤层中发育的各种小型断裂构造,也是局部构造应力集中的反映;在小断层发育、分布密集的地带,反映了构造应力分布不均衡和相对应力集中点增多,这些部位的突出危险性也较大,表现为煤层瓦斯涌出量的不均匀性大。

(6) 不同构造组合特征的块段,其突出危险程度不同。突出危险带地质构造类型的划分,主要是以构造形态和构造组合特征为基础,还综合考虑了构造应力引起的煤厚变化和煤体结构破坏等影响煤与瓦斯突出分带的地质因素。因此,突出危险带地质构造类型也是突出地质条件的综合体现。

3.1.2 煤厚及其变化对煤与瓦斯突出的影响

依据统计资料，煤与瓦斯突出点常分布在煤层厚度大和煤层厚度变化大的部位，而煤层厚度变化与煤层瓦斯涌出量的关系如图 3-1 所示。突出危险程度的差异与煤厚及其变化的关系有以下几种表现：

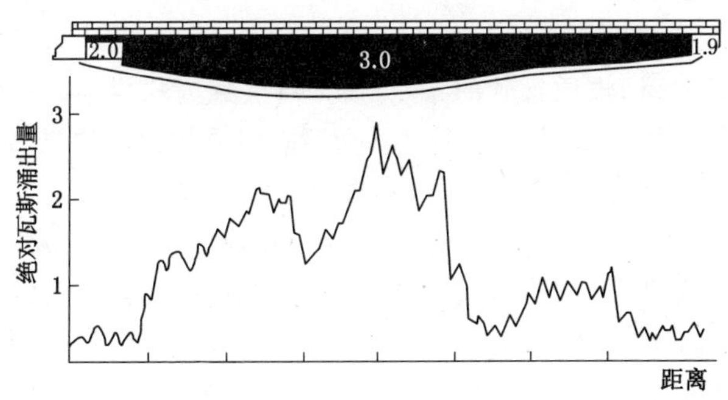

图 3-1 煤层厚度变化与煤层瓦斯涌出量的关系

(1) 煤层厚度较稳定的多煤层矿井：各煤层的突出危险性决定于煤层厚度，随着煤层厚度的增大，突出危险性增加。瓦斯涌出量也随着煤层厚度的增大而增大。

(2) 煤层厚度变化大的矿井：突出多发生在厚煤地段和煤厚变化带。凸镜状煤包和被薄煤带包围的厚煤地段突出危险性大。此区域内煤层瓦斯涌出量变化大。

(3) 煤层厚度变化较大的多煤层矿井：不同煤层相比较，突出危险性随煤厚变化的增大而增强。煤厚变化大的地段比变化小的地段突出危险性大。厚煤带还为瓦斯的储集提供了场所。一些矿井煤层厚度变化时，瓦斯绝对涌出量也呈正比例变化。煤层厚度变化造成了瓦斯分布上的差异。瓦斯涌出量的变化在一定程度上反映了煤层厚度的变化，而煤层厚度的变化造成了煤与瓦斯的突出。

3.1.3 煤体结构对煤与瓦斯突出的影响

煤与瓦斯突出发生在煤层中，煤的结构特征对突出有显著影响。一般原生结构煤不发生突出，属非突出煤；受构造应力作用，煤的原生结构遭到破坏后所表现的结构称为构造结构。突出煤层均具有构造结构特征。

根据大量突出点的调查统计，发生突出地点及其附近的煤层都具有层理紊乱、煤质松软的特点，该种煤层称为软煤。在突出矿井中，煤质变软是突出的一种预兆。所谓软煤分层或团块煤、软煤，是与正常煤层相比较而言的。这种煤层比正常煤分层的强度明显降低，具有极端的松软性和易脆性，用手可捻成厘米、毫米级碎煤甚至粉煤。从地质角度分析，软分层煤应属于构造煤，它是煤层在构造应力作用下形成的产物。在地质构造应力作用下，煤层比围岩更容易遭到破坏，极易破碎。其形成过程是，首先发生密集的裂隙，使煤破碎；随着进一步破碎，碎粒在移动过程中由于粒间的摩擦，煤已失去原来的条带状结构，而与“构造岩”含义相似。煤的这种遭受破坏的构造特征，往往与煤与瓦斯突出的发生有密切关系。

3.2 煤巷掘进工作面瓦斯涌出过程的基本特点

煤是一种具有复杂孔隙和裂隙系统的各向异性非均质介质，煤层中的瓦斯是处于承压状态的一种非理想气体，它主要以吸附和游离两种状态存在，瓦斯在煤层中的流动严格地讲是一种包括瓦斯渗透流和瓦斯分子扩散并伴随一定热效应的复杂过程。周世宁院士等[34]研究表明，煤层是孔隙-裂隙结构物质。瓦斯在孔隙中流动时，基本符合扩散定律；而在煤层裂隙系统中流动时，则符合达西渗透定律。煤层中构成瓦斯流动的通道主要是裂隙系统，它对煤层瓦斯的流动起决定作用，因此，以达西定律为基础研究煤层瓦斯流动的机理是可行的。

掘进巷道的瓦斯涌出量主要由四部分构成，即：

$$Q=Q_a+Q_b+Q_c+Q_d \tag{3-1}$$

式中 Q——掘进巷道瓦斯涌出量，m^3/min；

Q_a——掘进工作面采落煤块的瓦斯涌出量，m^3/min；

Q_b——掘进巷道移动煤壁瓦斯涌出量，m^3/min；

Q_c——掘进巷道不移动（固定）煤壁的瓦斯涌出量，m^3/min；

Q_d——掘进巷道中的邻近层瓦斯涌出量，m^3/min。

掺杂在风流中的瓦斯含量短时间变化是随瓦斯涌出点的距离增加而迅速下降的，并且在同样的情况下，监测点距工作面越远，风流中的瓦斯含量越大。为了更好地预测煤巷掘进工作面煤与瓦斯突出，监测点应尽量靠近掘进工作面，与工作面的距离应保持相对固定，这样所监测到的瓦斯涌出量就反映了煤的渗透性能、力学性质、煤层瓦斯压力和含量及地应力等因素的变化。

3.3 煤巷掘进工作面瓦斯涌出量动态指标预测突出的理论

3.3.1 煤层中瓦斯的流动

根据文献[101]，煤层内的瓦斯流动近似地符合达西定律，即瓦斯的流速和压差成正比，与煤的渗透率成正比，服从直线渗透规律：

$$v=-\frac{\Phi}{\mu}\frac{dP}{dx} \tag{3-2}$$

式中 v——瓦斯流动速度，m/s；

Φ——煤层的渗透率；

μ——煤层瓦斯的动力黏度，Pa · s；

dP——在 dx 长度内瓦斯压力差，Pa；

dx——和瓦斯流动方向相反的某一极小长度，m。

3.3.2 煤层中瓦斯的流量

把瓦斯的流速 v 转换成在压力 760 mm 汞柱、温度相当于煤层温度 t ℃条件下的瓦斯流量，则单位时间、单位面积煤壁上的瓦斯流量为[32]：

$$q=-B\frac{\Phi}{\mu}\frac{P}{P_n}\frac{dP}{dx}=-\frac{B\Phi}{2\mu P_n}\frac{dP^!}{dx}=-\lambda\frac{dP^!}{dx} \tag{3-3}$$

式中 q——比流量，1 个大气压，t ℃时，1 m^2 煤面上 1 s 内流过的瓦斯流量，$m^3/(m^2 \cdot s)$；

P_n——1 个大气压，MPa；

B——单位换算系数；

P——在位置 x 处的瓦斯压力(绝对压力)，MPa；

$P^!$——瓦斯压力，$P^! = P^2$ MPa^2。

3.3.3 煤层渗透率

煤层渗透率是煤层瓦斯流动难易程度的标志。煤层的渗透率 Φ 与有效应力呈指数关系[9]：

$$\Phi=\Phi_0 e^{-m(\delta_3-P)}=\Phi_0 e^{-m\delta} \tag{3-4}$$

式中 δ_c——有效应力，$\delta_c=\delta_3-P$，MPa；

δ_3——围压，MPa；

P——瓦斯压力，MPa；

m——常数。

构成煤层渗透率的成分，第一是由于煤体内部作用而形成的裂隙；第二是由于煤体受到外部作用而形成的裂隙，即地质构造应力作用产生的裂隙和采掘工作引起的新裂隙。地质破坏造成的裂隙对渗透率有影响，加之煤质不均一、软硬变化不同和地应力活动的不均衡，使煤层的渗透率在各点相差较大。正是由于煤质不均匀、软硬变化不同才导致煤与瓦斯突出的不均匀分布，而突出一般发生在瓦斯富集区(俗称瓦斯包)。因此，煤层的渗透率变化在一定程度上反映了煤与瓦斯突出的前兆。

3.3.4 煤岩体压力

煤巷掘进工作面前方一般可分为三个应力带，即卸压带、集中应力带和原始应力带，如图 3-2 所示。煤巷掘进工作面掘进过程中，前方的三种应力带是不断循环变化的，前方的应力分布总是由平衡状态到不平衡状态，然后又到平衡状态，周而复始。在这个过程中，煤体的透气性也将随之而发生变化。煤巷以均匀速度向前掘进时，三种应力分布向前推进的速度是不均匀的，这与煤结构(软分层)的均一性是密切相关的。而且应力的平衡状态是一种不稳定的状态，受到掘进等作业扰动，平衡状态会被打破，重新进行应力分布达到新的不稳定平衡状态，或者发生突出。瓦斯涌出量在这种应力平衡状态的转换中也发生着周而复始的变化，煤巷掘进时，由于落煤和新煤壁的暴露，瓦斯从煤体中不断解吸出来，掘进工作面的瓦斯涌出量与煤层瓦斯含量、瓦斯压力、瓦斯放散能力、煤层透气性、地质构造等因素密切相关。煤与瓦斯突出的孕育过程不是突然发生的，它是一个从量变到质变的过程，因此瓦斯涌出量的动态指标能很好地反映突出前的前兆信息。

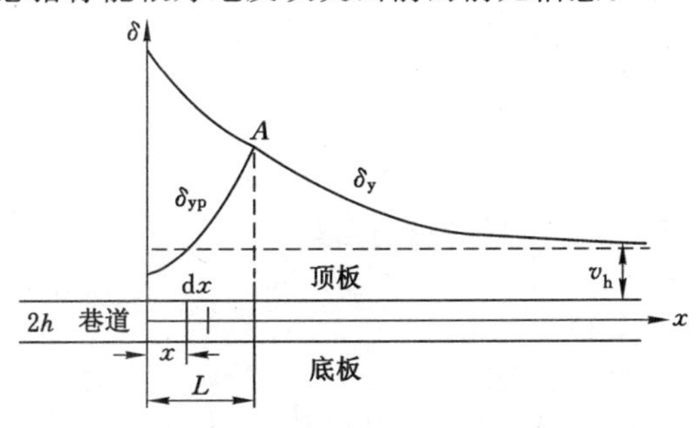

图 3-2 煤层中的压力曲线

3.3.4.1 卸压带内应力

煤巷掘进工作面前方卸压带内的应力由下式计算[103]：

$$\delta_{yp}=C\exp\left(\frac{fx}{\Omega\zeta}\right) \tag{3-5}$$

式中，$f=\tan\Omega$，Ω 为煤的摩擦角；$\zeta=\frac{\nu}{(1-\nu)}$，为侧压系数，在土力学中 $\zeta=\tan^2\left(45^\circ-\frac{\Omega}{2}\right)$。

从式(3-5)中可以看出，在煤的卸压带内的应力实际上取决于煤的强度，即煤的内聚力和摩擦力，而不取决于煤的埋藏深度。

3.3.4.2 集中应力带内应力

煤巷掘进工作面前方集中应力带内的应力由下式计算：

$$\delta_y=\nu h\left[1+D\exp\left(-\frac{x}{b}\right)\right] \tag{3-6}$$

式中 νh——走向为无限条件，在掘进巷道之前，煤层上的压力（ν 为围岩的重力密度，kN/m^3，h 为埋藏深度，m）；

b——巷道宽度的一半，m；

x——在坐标上距掘进工作面的距离，m；

D——与煤层厚度、巷道宽度有关的应力集中系数。

3.3.4.3 原始应力带

离煤巷掘进工作面较远的煤层，煤层的原始应力由下式计算：

$$\delta=\nu h \tag{3-7}$$

3.3.5 巷道瓦斯涌出量的影响因素

将式(3-4)代入式(3-3)，得到煤巷掘进工作面的瓦斯涌出量计算式：

$$q=-\frac{B\Phi_0\exp[-m(\delta_3-P)]}{2\mu P_n}\frac{\mathrm{d}P^!}{\mathrm{d}x}=-\lambda\frac{\mathrm{d}P^!}{\mathrm{d}x} \tag{3-8}$$

式中，$\lambda=\dfrac{B\Phi_0\exp[-m(\delta_3-P)]}{2\mu P_n}$。

由式(3-8)及式(3-6)、(3-7)知围压 δ_3 和瓦斯压力 P 对渗透率均有影响。在煤巷开采过程中，围压 δ_3 分别由卸压应力、集中应力和原始应力构成。在卸压带，由于煤体的压酥，原有裂隙张大、扩展，同时伴生新的裂隙，透气性急剧增高，其值高过千倍以上，产生卸压流动带。在应力集中带，裂隙和孔隙受挤压而封闭，使煤体透气性降低，一般可降低50%左右。在原始应力带，煤体透气性受影响甚微，可以不考虑。

3.3.6 掘进工作面瓦斯流动场

在煤矿掘进工作面中，瓦斯从煤层内部向巷道空间的运移非常复杂，它不仅受天然煤层原始条件的影响，也受到地下应力场和层岩移动的影响，造成了瓦斯在煤层中的流动也是变化的，表现在掘进工作面的瓦斯涌出量反映了煤体结构、矿山压力及煤层瓦斯含量。通过建立掘进工作面的瓦斯单向流动的模型可以得出。

根据质量守恒定律，瓦斯在非均质煤层中的单向流动有：

$$\frac{\partial P}{\partial t}+\frac{\partial q}{\partial x}=0 \tag{3-9}$$

由式(3-8)得煤巷掘进工作面的瓦斯涌出量计算式：

$$q=-\lambda\frac{\mathrm{d}P^!}{\mathrm{d}x} \tag{3-10}$$

因此由式(3-10)得：

$$q=-\lambda\frac{\mathrm{d}P^!}{\mathrm{d}x}=-2\lambda\frac{\partial P}{\partial x} \tag{3-11}$$

初始条件为：

$$t=0,P=P_0=p_0^2,\quad P(x,0)=p_0^2 \tag{3-12}$$

边界条件为：

$$x=0,\frac{\partial P}{\partial x}=\frac{\beta}{k},\ 即\frac{\partial P}{\partial x}\bigg|_{x=0}=\frac{\beta}{k} \tag{3-13}$$

$$x=l,\frac{\partial P}{\partial x}=0,\ 即\left.\frac{\partial P}{\partial x}\right|_{x=l}=0 \tag{3-14}$$

式中 β——煤巷掘进工作面的瓦斯平均扩散率；

k——单位换算系数。

将式(3-11)代入式(3-9)，并与式(3-12)、(3-13)、(3-14)联立组成掘进工作面的瓦斯单向流动的模型：

$$\frac{\partial P}{\partial t}=2\lambda\frac{\partial^2 P}{\partial x^2} \tag{3-15}$$

$$\left.\frac{\partial P}{\partial x}\right|_{x=0}=\frac{\beta}{k},\ \left.\frac{\partial P}{\partial x}\right|_{x=l}=0\quad(t\geqslant 0) \tag{3-16}$$

$$P(x,0)=p_0^2\quad(0<x<l) \tag{3-17}$$

模型(3-15)～(3-17)是数学物理方程，这个数学物理方程的边界条件是非齐次的，若能将它化成齐次边界条件，就可以按照数学物理方程[154]的分离变量法将其解出。

首先边界条件齐次化，设 $P=w+v$，并设：

$$w=A(t)x^2+B(t)x+C \tag{3-18}$$

对式(3-18)进行偏导数得：

$$\frac{\partial w}{\partial x}=2A(t)x+B(t) \tag{3-19}$$

将边界条件式(3-16)代入式(3-19)得：

$$\left.\frac{\partial w}{\partial x}\right|_{x=0}=B(t)=\frac{\beta}{k} \tag{3-20}$$

因此：

$$2A(t)l+\frac{\beta}{k}=0 \tag{3-21}$$

$$A(t)=-\frac{\beta}{2kl} \tag{3-22}$$

将式(3-20)和式(3-22)代入式(3-18)得，$w=-\frac{\beta}{2kl}x^2+$

$\frac{\beta}{k}x+C$，因为只要选取一个 w 使 v 的定解问题满足齐次边界条件就行了，因此取：

$$w=-\frac{\beta}{2kl}x^2+\frac{\beta}{k}x \tag{3-23}$$

则 $v(x,t)$ 满足：

$$\frac{\partial v}{\partial t}=2\lambda\frac{\partial^2 v}{\partial t}-\frac{\beta}{kl} \tag{3-24}$$

$$\left.\frac{\partial v}{\partial x}\right|_{x=0}=0,\ \left.\frac{\partial v}{\partial x}\right|_{x=l}=0 \tag{3-25}$$

$$v(x,0)=p_0^2+\frac{\beta x}{2kl}(x-2l) \tag{3-26}$$

因为两个端点都是第二类齐次边界条件，并依据数学物理方程的分离变量法[155]，所以此定解问题的泛定方程所对应的齐次方程的特征函数是余弦函数 $\cos\frac{n\pi}{l}x$，$n=0,1,2,\cdots$。

其次定解问题(3-24)～(3-26)的解为：

$$v(x,t)=\frac{T_0(t)}{2}+\sum_{n=1}^{+\infty}T_n(t)\cos\frac{n\pi}{l}x \tag{3-27}$$

将数学物理方程(3-24)的非齐次项$\frac{\beta}{kl}$及初始条件式(3-26)中的 $p_0^2+\frac{\beta x}{2kl}(x-2l)$展为 $\cos\frac{n\pi}{l}x$ 的傅氏级数：

$$f_0(t)=\frac{1}{l}\int_0^l-\frac{\beta}{kl}\mathrm{d}x=-\frac{\beta}{kl} \tag{3-28}$$

$$\begin{aligned}f_n&=\frac{2}{l}\int_0^l-\frac{\beta}{kl}\cos\frac{n\pi}{l}x\,\mathrm{d}x\\&=-\frac{\beta}{kl^2}\cdot\frac{1}{b\pi}\sin\frac{n\pi}{l}x\bigg|_0^l\\&=0\ (n\neq0)\end{aligned} \tag{3-29}$$

$$\varphi_0 = \frac{1}{l}\int_0^l \left[p_0^2 + \frac{\beta x}{2kl}(x-2l) \right] \mathrm{d}x$$

$$= p_0^2 - \frac{1}{3}\frac{\beta l}{k} \tag{3-30}$$

$$\varphi_n = \frac{2}{l}\int_0^l \left[p_0^2 + \frac{\beta x}{2kl}(x-2l) \right] \cos\frac{n\pi}{l}x\,\mathrm{d}x$$

$$= \begin{cases} \dfrac{-2\beta l}{n^2\pi^2 k} & (\text{当 } n \text{ 为偶数时}) \\ 0 & (\text{当 } n \text{ 为奇数时}) \end{cases} \tag{3-31}$$

依据数学物理方程的解法得：

$$\frac{T_0'}{2} = -\frac{\beta}{kl} \tag{3-32}$$

所以：

$$T_0'(t) = -\frac{2\beta}{kl},\ T_0(t) = -\frac{2\beta}{kl}t + C \tag{3-33}$$

当 $t=0$ 时：

$$\frac{T_0(0)}{2} = p_0^2 - \frac{1}{3}\frac{\beta l}{k}$$

即：

$$T_0(0) = 2p_0^2 - \frac{2}{3}\frac{\beta l}{k} \tag{3-34}$$

因此：

$$T_0(t) = -\frac{2\beta}{kl}t + 2p_0^2 - \frac{2}{3}\frac{\beta l}{k} \tag{3-35}$$

$$T_n'(t) + 2\lambda\left(\frac{n\pi}{l}\right)^2 T_n(t) = 0 \quad (n=1,2,\cdots) \tag{3-36}$$

$$T_n(0) = \frac{-\beta l}{n^2\pi^2 k}[1+(-1)^n] \tag{3-37}$$

由式(3-36)和式(3-37)得：

$$T_n(t)=C_n\exp\left[-\left(\frac{\sqrt{2\lambda}n\pi}{l}\right)^2\right]$$

$$T_n(t)=\frac{-\beta l}{n^2\pi^2 k}[1+(-1)^n]\exp\left[-\left(\frac{\sqrt{2\lambda}n\pi}{l}\right)^2\right] \tag{3-38}$$

故原问题的解为：

$$P(x,t)=-\frac{\beta}{2kl}x^2+\frac{\beta}{k}x+\frac{T_0(t)}{2}+\sum_{n=1}^{+\infty}T_n(t)\cos\frac{n\pi}{l}x \tag{3-39}$$

其中 $T_0(t)$，$T_n(t)$表达式如上，或者如下：

$$P(x,t)=-\frac{\beta}{2kl}x^2+\frac{\beta}{k}x+p_0^2-\frac{1}{3}\frac{\beta l}{k}-\frac{\beta}{kl}t+\sum_{n=1}^{+\infty}\frac{-2\beta l}{(2n)^2\pi^2 k}\exp\left[-\left(\frac{\sqrt{2\lambda}n\pi}{l}\right)^2\right]\cos\frac{2n\pi}{l}x \tag{3-40}$$

由式(3-11)得到掘进工作面的瓦斯单向流动的瓦斯涌出量为：

$$q=\frac{2\lambda\beta}{kl}x-\frac{2\lambda\beta}{k}+\sum_{n=1}^{+\infty}\frac{2\lambda\beta}{n\pi k}\exp\left[-\left(\frac{\sqrt{2\lambda}n\pi}{l}\right)^2\right]\sin\frac{2n\pi}{l}x \tag{3-41}$$

从式(3-41)可以看出，掘进工作面的瓦斯涌出量与煤层瓦斯含量、瓦斯压力、煤层透气性、地质构造等因素有关。

煤层的瓦斯压力梯度也影响巷道瓦斯涌出量。煤巷掘进工作面前方的动态变化大致显现三种现象：

(1) 相应推移现象。在无地质破坏和产状变化的均质煤体中等速推进时，每一掘进循环之后，工作面前方的卸压带、应力集中带和原始应力带也相应向前推移。此时，顶底板的移近速度大体相等，煤体中的瓦斯均匀涌出，工作面的瓦斯涌出动态呈小幅度波动，在这种情况下，工作面处于无突出危险或突出威胁的时空之中。

(2) 应力停滞现象。当工作面前方出现某种类型的地质构造破坏带时,随掘进工作面向前推进,有时会出现底板移近速度减慢,甚至不移近,这就是所谓的移近停滞现象,也称为应力集中带不前移的应力停滞现象。此种现象产生的前兆信息是:随着工作面的推进,应力集中系数呈增长趋势,卸压带和应力集中带不明显,此时,煤体透气性降低,瓦斯保持较高压力且压力梯度增大,无作业时瓦斯涌出量小,掘进时瓦斯的涌出量波动较大。出现应力停滞现象后,于工作面前方不远处形成能量积聚,在这种情况下工作面很容易诱发突出。

(3) 瓦斯包现象。煤层由薄变厚或工作面前方存在早已被构造应力高度揉皱的软煤体时,工作面前方存在瓦斯包。当工作面接近瓦斯包时,集中应力部位的支承煤柱逐渐缩短,加之集中应力也逐渐减小和瓦斯压力的作用,支承煤柱处于不稳定平衡状态,煤体裂隙时张时闭,工作面瓦斯涌出量总体呈上升趋势,有时也出现忽大忽小的现象。当支承煤柱缩短到一定程度时,煤体应力状态发生急剧变化,导致潜能突然释放而发生突出。

因此,可以利用煤矿瓦斯监测系统自动连续监测工作面的瓦斯涌出量,研究瓦斯涌出动态变化与突出的内在联系。

3.4 瓦斯涌出量异常预报煤与瓦斯突出

从 2006 年起,低瓦斯煤矿也要安装瓦斯监测监控系统,这是国家安全生产监督管理总局的明确要求。全国 5 200 多处高瓦斯煤矿矿井、煤与瓦斯突出矿井已全部装备了瓦斯监测监控系统[104],并能投入运用于煤炭开采过程。但对于安全生产过程来说,我们认为现在的瓦斯监测监控系统对于预防突发性的瓦斯事故、煤与瓦斯突出事件,缺乏对事态发展发生的前期预警功能,这是安全管理的一个瓶颈，如果此瓶颈不能突破，则现在的安全管理只能停留在完善设置、强化制度等被动管理上，对于重特大的突出事件，难以提前或及时作出相应的事件可能趋势预测及采取主动预防措施。加之，各煤田各煤矿因地质、构造、煤层等情况的不同，各类预测预防的方案及各项预测指标的临界值也因之不同，这也给煤矿主动提前对事故进行防范带来困难。因此，我们认为有必要建立瓦斯及煤与瓦斯突出的预测预警系统。

就已发生煤与瓦斯突出的事故来看，有些突出事故发生前，瓦斯浓度一直在规定的范围内，事后对监测到的该工作面瓦斯数据进行分析发现，在突出数小时前瓦斯浓度数据出现了异常，瓦斯浓度的变化出现了明显的上升趋势或非常不均匀现象。经调研分析，云南省恩洪煤矿是一个典型的煤与瓦斯突出矿井，并且已经安装了瓦斯监控系统，监测数据稳定，其数据保存达一年以上。2006年恩洪煤矿＋1 800 m 水平 12290 下顺槽机掘工作面一直处于掘进状态，在 2006 年内已经发生了数次煤与瓦斯突出，监测数据保存较为齐全，因此决定采用该工作面的瓦斯监测数据为本书研究的原始数据。

3.4.1 云南恩洪煤矿概况

恩洪煤矿位于云南省曲靖市麒麟区东山镇新村办事处，是云南省东源煤业集团下属的国有小型煤炭企业，地理坐标：东经104°02′～104°15′，北纬 25°14′～25°16′。恩洪煤矿矿区地处曲靖市所辖的麒麟区、富源县、罗平县三县区交界处，公路距曲靖市城区 76 km、富源县城 80 km、罗平县城 85 km，距贵昆铁路曲靖站85 km、南昆铁路罗平站 95 km，交通较方便。

矿区地处云贵高原，海拔平均 2 000 m，属中山类地貌。矿区属温带，年平均气温 15～18 ℃，最高 33 ℃，最低－8 ℃。年降雨量约 1 200 mm。地震烈度 6 度。

恩洪煤矿二号井 2005 年瓦斯鉴定结果为煤与瓦斯突出矿井。

2005 年矿井核定生产能力 35 万吨/年。

矿井瓦斯绝对涌出量 29.76 m^3/min，相对涌出量 40.3 m^3/t。矿井二氧化碳绝对涌出量 1.10 m^3/min，相对涌出量 1.49 m^3/t。

煤层顶底板多为泥岩、粉砂岩夹不规则菱铁质粉砂岩，抗压强度不高，属极易软化岩石。煤层变质程度高，各煤层瓦斯含量普遍较高。构造主要受控于新华夏构造体系，层间褶曲、断层较为发育，现生产井巷揭露，断层落差大于等于 0.5 m 为 360 条/km^2，大于等于 1.5 m 有 197 条/km^2。

瓦斯、顶底板、层间构造为影响安全生产的主要地质因素。

根据当时预测，矿井＋1 800 m 水平即将开采，该水平煤层赋存较深，达 480 m，地质构造复杂，地应力较大，可能存在极大的瓦斯突出危险性，瓦斯灾害将严重制约矿井的安全生产。

(1) 矿井开采至＋1 800 m 水平时瓦斯相对涌出量计算。

＋1 800 m 水平瓦斯涌出情况系根据＋1 917 m 水平的瓦斯涌出情况（瓦斯相对涌出量 65.5 m^3/t）计算，计算式如下：

$$q_{CH_4}=\frac{H_0-H}{a}+q_0 \tag{3-42}$$

式中 q_{CH_4}——预测瓦斯相对涌出量，m^3/t；

q_0——生产水平瓦斯相对涌出量，m^3/t；

H_0——生产水平标高，m；

H——预测水平标高，m；

a——瓦斯涌出增生率，m/(m^3/t)。

则＋1 800 m 水平瓦斯相对涌出量为：

$$q_{CH_4}=\frac{1\ 917-1\ 800}{5}+65.5\approx 90\ (m^3/t) \tag{3-43}$$

(2) ＋1 800 m 水平瓦斯绝对涌出量计算。

$$Q_{CH_4}=\frac{A\cdot q_{CH_4}}{1\ 440} \tag{3-44}$$

式中 Q_{CH_4}——矿井瓦斯绝对涌出量，m^3/min；

A——矿井日产煤量，$A=1\ 080$ t/d；

q_{CH_4}——预测瓦斯相对涌出量，m^3/t。

则+1 800 m 水平瓦斯绝对涌出量为：

$$Q_{CH_4}=\frac{1\ 080\times 90}{1\ 440}=67.5\ (m^3/min)$$

(3) 预测+1 800 m 水平煤层瓦斯压力。

$$P_{CH_4}=M(H_0-H)+P_0 \tag{3-45}$$

式中 P_{CH_4}——预测瓦斯压力，kg/cm^2；

M——瓦斯压力梯度，kg/cm^2。

则预测+1 800 m 水平煤层瓦斯压力为：

$$P_{CH_4}=0.105\times(1\ 917-1\ 800)+9.5=21.79\ (kg/cm^2) \tag{3-46}$$

根据所预测的瓦斯涌出量和该延深水平 12 井田的瓦斯地质资料，C_8 煤厚平均 3.83 m，瓦斯含量 16.33 m^3/t；C_9 煤厚平均 1.17 m，瓦斯含量 11.19 m^3/t，层间距平均 23 m，其他上邻近层均为煤线，距 C_9 煤层最小距离都达 60 m 左右；下邻近层 C_{10} 平均煤厚 1.31 m，瓦斯含量 9.99 m^3/t，采空区 10%～20%，平均分别为 35%、50%、15%。综合分析，该延深水平掘进、回采、采空区的瓦斯绝对涌出量将分别达 16.8 m^3/min、24.0 m^3/min、7.2 m^3/min 左右。

根据上述计算，矿井开采水平延深到+1 800 m 水平时，其瓦斯相对涌出量将达 90 m^3/t，瓦斯绝对涌出量将达 67.5 m^3/min，瓦斯压力将达 21.79 kg/cm^2，加之该水平煤层赋存较深达 480 m，地质构造复杂，地应力较大，可能存在极大的瓦斯突出危险性，瓦斯灾害将严重制约矿井的安全生产。表 3-1 给出了恩洪煤矿预测煤层突出危险性综合参数表。

表 3-1　恩洪煤矿预测煤层突出危险性综合参数表

采样日期	井名	水平	采区	煤层	采样地点	标高/m	地表标高/m	垂高/m	煤层瓦斯压力/MPa		
									实测	临界值	绝对额
2006.5.14	二号井	+1 917 m	北采区	C_9	31910 材料道	1 917	2 500	583	0.90	0.74	0.16

煤坚固系数 f			放散初速度 ΔP/MPa			综合指标						结论
						D			K			
实测	临界值	绝对额	实测	临界值	绝对额	实测	临界值	绝对额	实测	临界值	绝对额	突出危险
0.55	0.50	0.05	11.00	10.00	1.00	4.79	0.25	4.54	20.00	15.00	5.00	

钻孔解吸指标											结论
钻孔深度/m	2	4	6	8	10	12	14	16	18	20	临界值	突出危险
钻屑量/(kg/m)	8	5	5	5	5	5	5	5	5	5	6	
Δh_2/Pa	210	215	195	190	230	180	190	233	123	190	200	

3.4.2　瓦斯监测数据的获取方法

恩洪煤矿矿井监测系统采用镇江中煤电子有限公司的 KJ101 型矿井监测系统，采样间隔为 60 s，数据存储为 Microsoft Access 文件格式。采用 KJ101-45H 型瓦斯浓度传感器，工作电压 7～20 V，工作电流 200 mA，测量范围为(0～100%)CH_4。

掘进工作面瓦斯浓度传感器布置在工作面正前、局部通风机风筒出口侧后方，距工作面煤壁 12～15 m，风筒出口距工作面煤壁小于 10 m，如图 3-3 所示。因为矿井测风报表为旬报，每旬进行一次风量测定，所以无法得到每个班次的掘进工作面的准确供风量，也无法得到准确的掘进工作面的瓦斯涌出量。但是正常情况下各班次内掘进工作面的风筒直径不变，并且风筒出口与工作面的距离基本上保持小于 10 m，所以工作面的风量基本保持不变(289 m^3/min)，可以看作一个常数。加之，掘进工作面瓦斯浓度传感器布置在工作面正前、局部通风机风筒出口侧后方，动态地距工作面煤壁 12～15 m，因此瓦斯浓度传感器所测定的瓦斯浓度变化量就反映了工作面前方煤体的地应力、瓦斯和煤的物理力学性质等综合作用的结果。

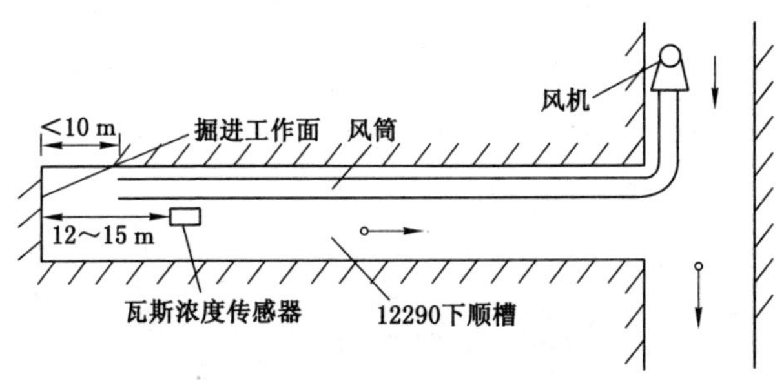

图 3-3　掘进工作面瓦斯浓度传感器布置示意图

恩洪煤矿 2006 年以前的瓦斯监测数据已经丢失，2006 年以后的数据保存完好，只是个别时间点无瓦斯浓度数据。表 3-2 给出了恩洪煤矿瓦斯突出统计台账。对照恩洪煤矿瓦斯突出统计台账，查看突出当天及前一天发生突出点工作面的瓦斯监测数据，发现突出前一般都有瓦斯浓度变化异常，而非突出时工作面的瓦斯浓度比较均匀且较小。因此，根据瓦斯浓度异常表现的特征能够发现并找到突出预报的方法，在以后章节中展开研究瓦斯浓度变化异常特征。

表 3-2　　恩洪煤矿瓦斯突出统计表

序号	井别	日期	时间	简述	类别	煤量/t	瓦斯量/m^3	工伤/人	死亡/人
1	二号井	1980-1-14		+1 950 m 水平 3 采区 013 顺槽掘进时发生煤与瓦斯突出，突出煤量 39 t，瓦斯 10 000 m^3，标高 +1 932 m，距地表垂高 120 m	突出	39	10 000	0	0
2	二号井	2002-9-17	12:30	+1 917 m 水平北采区 3199 中顺槽掘进时，爆破后发生诱导突出，突出煤量 20 t，瓦斯 5 700 m^3，标高 +1 890 m，距地表垂高 315 m	突出	20	5 700	0	0
3	二号井	2002-11-10	11:45	+1 917 m 水平北采区 3199 一号联络巷掘进时，爆破后发生诱导突出，突出煤量 13.3 t，瓦斯浓度 38%，瓦斯量 82 万 m^3，煤体抛出 5.6 m，安息角 22.33°，无分选现象，标高 +1 899 m，距地表垂高 319 m	突出	13.3	820 000	0	0
4	二号井	2003-1-4	0:25	+1 917 m 水平北采区 3199 下顺槽掘进时，先架好两架箱，挖第三架时，突然来压，顶部垮落，诱导突出，突出煤量 5 t，瓦斯 5 348 m^3，标高 +1 874 m，距地表垂高 331 m	突出	5	5 348	0	0

续表 3-2

序号	井别	日期	时间	简述	类别	煤量/t	瓦斯量/m^3	工伤/人	死亡/人
5	二号井	2003-1-23	1:05	+1 917 m 水平北采区 3199 下段开切眼掘进时，发生突出，突出煤量 20 t，瓦斯浓度 15%，瓦斯量 9 828 m^3，煤体抛出 8 m，安息角 14°，无分选现象，标高 +1 894 m，距地表垂高 242 m	突出	20	9 828	0	0
6	二号井	2003-1-23	13:00	+1 917 m 水平北采区 3199 上段开切眼掘进时，发生突出，突出煤量 2 t，瓦斯浓度 4%，瓦斯量 2 580 万 m^3，标高 +1 910 m，距地表垂高 250 m	突出	2	2 580 万	0	0
7	二号井	2003-8-12	16:07	+1 917 m 水平北采区 31910 材料道掘进时（煤层变厚，距断层 6 m），发生突出，瓦斯浓度 10.02%，标高 +1 885 m，距地表垂高 185 m	突出	1.932	83 522	0	0
8	二号井	2003-8-13	5:10	+1 917 m 水平北采区 31910 材料道掘进时（煤层变厚，距断层 6 m），发生突出，瓦斯浓度 10.2%，标高 +1 885 m，距地表垂高 186 m	突出	5.8	249 177	0	0
9	二号井	2004-3-16	5:15	+1 917 m 水平北采区 31910 一号下山掘进时，因煤层变厚，发生煤与瓦斯突出，最高瓦斯浓度 9.0%，突出煤量 5.96 t，突出标高 +1 870 m，距地表垂高 270 m	突出	5.96	912	0	0

续表 3-2

序号	井别	日期	时间	简述	类别	煤量/t	瓦斯量/m^3	工伤/人	死亡/人
10	二号井	2006-6-25	13:00	+1 800 m水平南翼运输巷掘进时,发生煤与瓦斯压出,最高瓦斯浓度8.0%,压出煤量36.83 t,压出标高+1 825 m,距地表垂高325 m	突出	36.83	912	0	0
11	二号井	2006-8-28	3:18	+1 800 m水平122901一联络巷掘进距下顺槽8 m时,爆破诱发煤与瓦斯压出,最高瓦斯浓度78.24%,压出煤量9.3 t,突出标高+1 834 m,距地表垂高321 m	突出	9.3	2 560	0	0
12	二号井	2006-11-27	23:00	+1 800 m水平12290下顺槽机掘时煤与瓦斯压出,最高瓦斯浓度13.26%,压出煤量9 t,压出标高+1 806 m,距地表垂高396 m	突出	9	2 995	0	0
13	二号井	2006-12-4	4:30	+1 800 m水平12290下顺槽机掘时煤与瓦斯压出,最高瓦斯浓度18.06%,压出煤量11 t,压出标高+1 803 m,距地表垂高403 m	突出	13	6 754	0	0
14	二号井	2006-12-19	4:07	+1 800 m水平12290下顺槽机掘时煤与瓦斯压出,最高瓦斯浓度14.02%,压出煤量9 t,压出标高+1 801 m,距地表垂高407 m	突出	10	7 797	0	0
15	二号井	2006-12-23	16:49	+1 800 m水平12290下顺槽机掘时煤与瓦斯压出,最高瓦斯浓度11.23%,压出煤量9 t,压出标高+1 798 m,距地表垂高412 m	突出	9	6 115	0	0

续表 3-2

序号	井别	日期	时间	简述	类别	煤量/t	瓦斯量/m^3	工伤/人	死亡/人
16	二号井	2006-12-25	21:18	+1 800 m 水平 12290 下顺槽机掘时煤与瓦斯压出，最高瓦斯浓度 14.27%，压出煤量 11 t，压出标高+1 798 m，距地表垂高 412 m	突出	11	1 344	0	0

3.4.3 无煤与瓦斯突出危险的煤巷掘进工作面瓦斯涌出量

恩洪煤矿+1 800 m 水平 12290 下顺槽机掘工作面的瓦斯监测系统每分钟测定一个瓦斯浓度，并储存在数据库中。通过对无煤与瓦斯突出危险的煤巷掘进工作面的瓦斯监测结果的归纳，根据图 3-4 分析，发现无突出煤巷掘进工作面的瓦斯涌出量有以下特点：

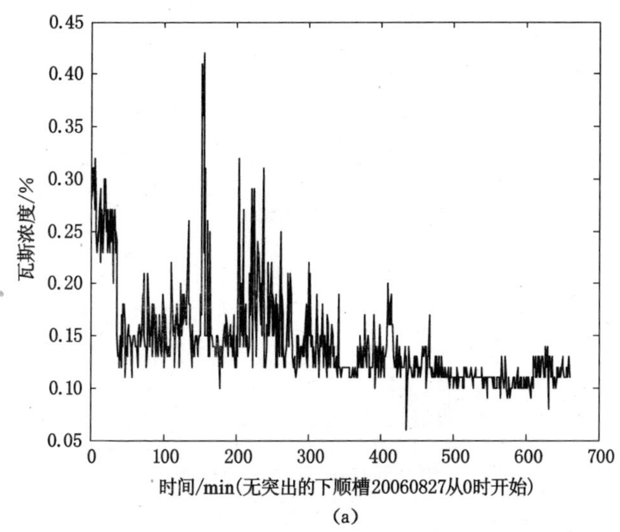

图 3-4 无煤与瓦斯突出危险的煤巷掘进工作面瓦斯涌出量曲线

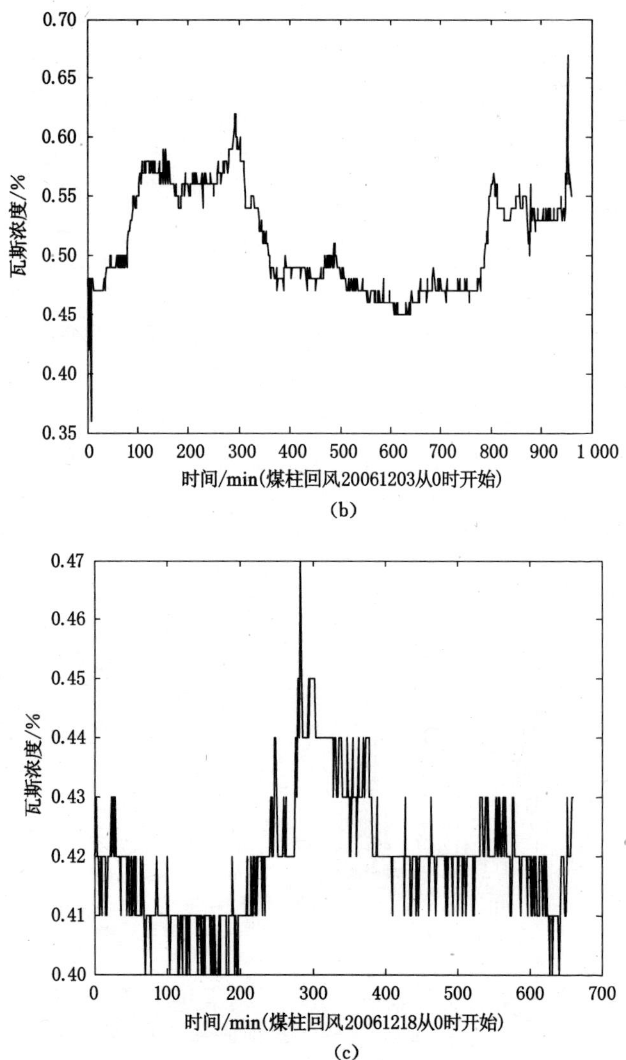

(b)

(c)

续图 3-4　无煤与瓦斯突出危险的煤巷掘进工作面瓦斯涌出量曲线

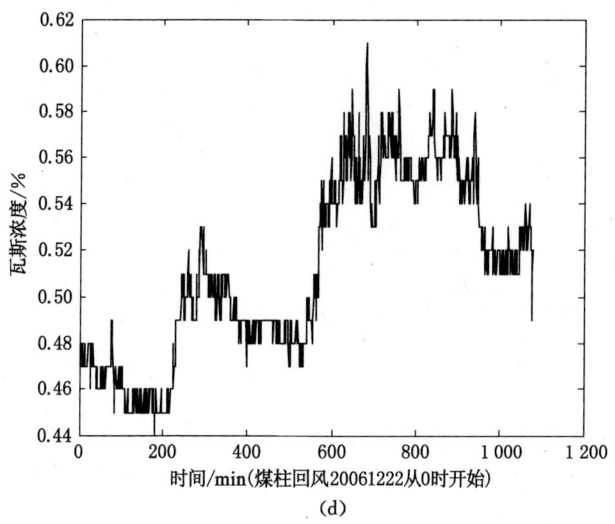

续图 3-4 无煤与瓦斯突出危险的煤巷掘进工作面瓦斯涌出量曲线

(1) 瓦斯浓度变化趋势均匀且平缓。由于煤层赋存正常,小构造和软分层不发育,掘进中无突出现象发生,其瓦斯浓度变化小。

(2) 瓦斯浓度幅度波动范围小。瓦斯浓度变化平稳,变化幅度小。

3.4.4 煤与瓦斯突出危险前 36 h 内的煤巷掘进工作面瓦斯涌出量

根据表 3-2 恩洪煤矿瓦斯突出统计表,从恩洪煤矿瓦斯监测系统调出突出当天及前一天的测得的瓦斯浓度数据,应用 MATLAB7.0 绘制图 3-5,发现煤与瓦斯突出危险前 36 h 内的煤巷掘进工作面瓦斯涌出量异常,具有如下特点:

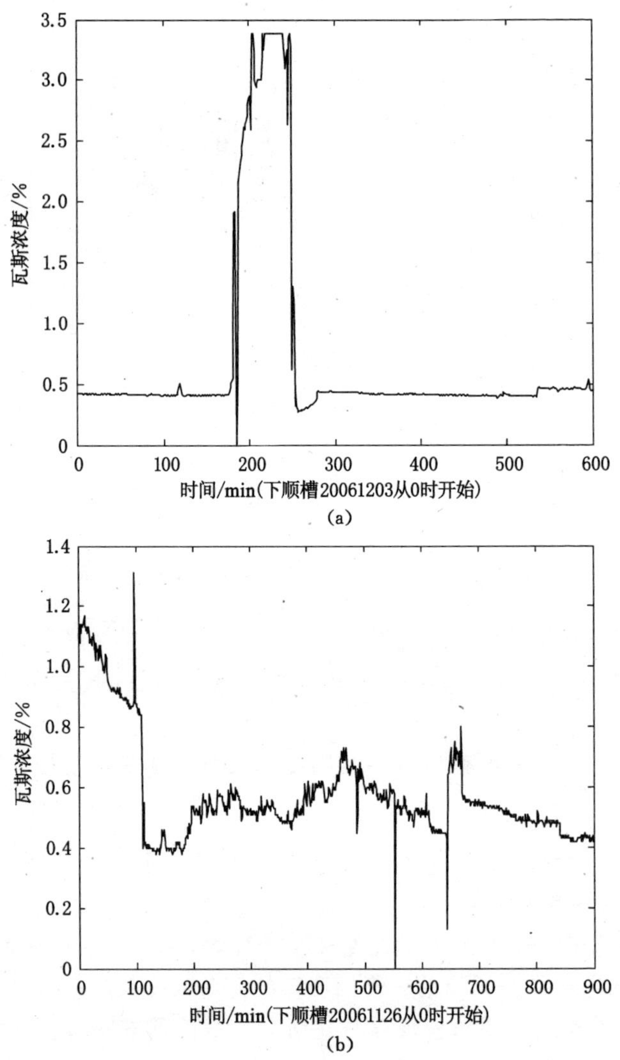

图 3-5　煤与瓦斯突出危险前 36 h 内

煤巷掘进工作面瓦斯涌出量曲线

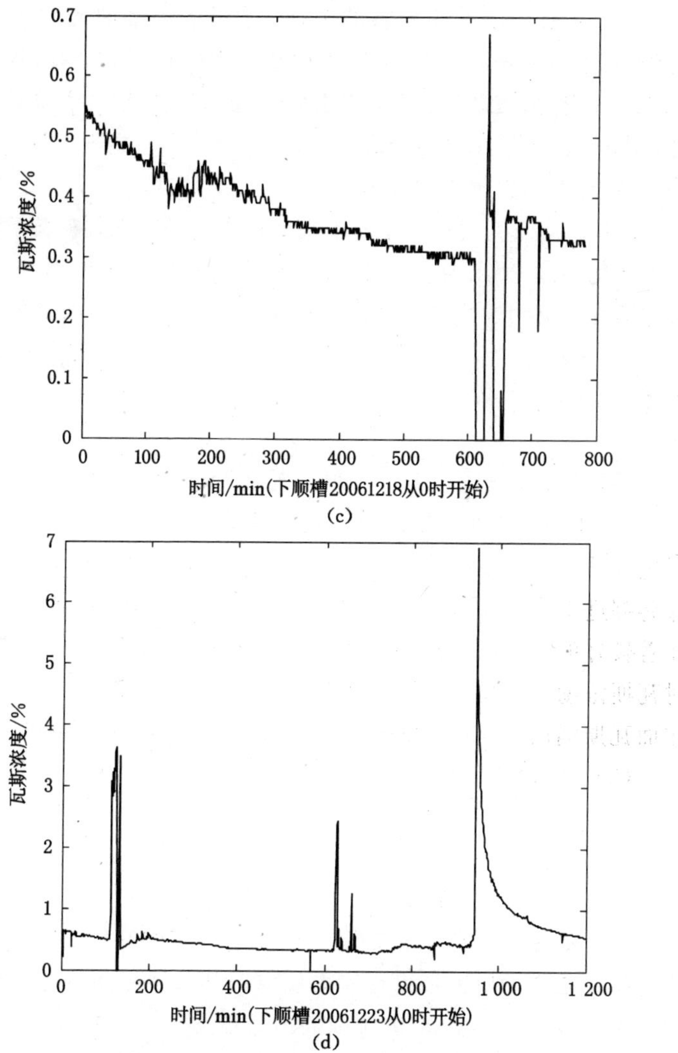

续图 3-5　煤与瓦斯突出危险前 36 h 内
煤巷掘进工作面瓦斯涌出量曲线

(1) 瓦斯浓度变化趋势的表现。突出前期瓦斯浓度忽大忽小,在地质构造异常地带,煤层受构造应力的挤压和搓揉,煤层发生增厚或变薄,随之瓦斯含量和瓦斯涌出也发生改变,瓦斯浓度波动幅度加大,煤层增厚地带成为瓦斯富集区,一旦掘进工作面进入该区域,瓦斯涌出量明显增加。

(2) 瓦斯浓度变化幅度的表现。正常掘进时期瓦斯浓度变化幅度变化不大,突出前 36 h 内瓦斯浓度变化幅度急剧增加,有时这种情况在突出发生之前多次出现。

3.5 本章小结

(1) 本章从理论上分析了煤巷掘进工作面瓦斯涌出量的影响因素,工作面瓦斯涌出量动态变化与煤层瓦斯含量、瓦斯压力、煤层透气性、地质构造等因素密切相关。理论和瓦斯监测数据表明:煤巷掘进工作面瓦斯涌出量动态,与工作面前方的突出危险性存在着较好的一致性,突出前工作面瓦斯涌出量变化异常,而非突出时瓦斯浓度比较均匀且较小。得出了通过矿井瓦斯监测得到的工作面瓦斯涌出量变化特征来进行突出危险性预测是完全可行的。

(2) 建立掘进工作面的瓦斯单向流动的数学物理模型,采用分离变量法求得了掘进工作面的瓦斯单向流动瓦斯涌出量的计算式,再次发现了工作面瓦斯涌出量与煤层瓦斯含量、瓦斯压力、煤层透气性、地质构造等因素有关。

(3) 在突出煤层的煤巷掘进中,无论煤体的卸压应力带、集中应力带还是原始应力带出现应力停滞前移或瓦斯包现象,煤体的透气性都相应地发生变化,瓦斯涌出量也发生相应的动态变化,这表明工作面前方煤体处于地应力、瓦斯压力和煤的物理力学性质相互作用的非平衡状态,存在着突出的危险性。

(4) 工作面瓦斯涌出量动态特征是一项较好的非接触式预测

指标，具有不占用作业时间、不施工预测钻孔、能连续动态预测的优势，能弥补现在的瓦斯监测监控系统不能预测突发性煤与瓦斯突出的缺陷，值得大力研究。

4 煤巷掘进工作面瓦斯涌出量的非线性特征

矿井采掘之前，井下煤岩体处于受力平衡状态，采掘活动打破了煤岩体原来的平衡状态，促使应力重新分布，其结果造成某些局部区域应力高度集中。如果该区域煤岩体具备突出倾向性条件，当受到外界扰动时，煤岩结构即可能失稳而发生突出。在这一过程中，煤巷掘进工作面瓦斯涌出量是会发生变化的，瓦斯涌出量的变化特征反映了煤的渗透性能、力学性质、煤层瓦斯压力和含量及地应力等因素的变化。为了查明煤与瓦斯突出的形成及发展演化过程，科研院校及生产企业对突出危险区域采取了多种多样的监测手段，获取了大量与突出有关的监测数据。理论研究、数值模拟研究及实验研究在认识突出发生机理、突出发生规律及特征等方面发挥了重要作用，而利用煤矿瓦斯监控系统监测的瓦斯浓度数据信息来研究煤与瓦斯突出的发生、发展变化规律及其动力学等非线性特征规律无疑是最直接也是最重要的方法。

本章运用混沌动力学理论，从煤矿瓦斯监控系统监测的瓦斯浓度序列出发，研究突出发生前与不发生突出的对比混沌运动特征，从而认识、了解和识别突出在演变发生过程中煤岩体所处的状态以及动力学行为，这无疑对认识突出机理以及突出预测预报研究都具有重要意义。

4.1　煤巷掘进工作面瓦斯涌出量时间序列的 Hurst 特性

分形是人们在自然界和社会实践中所遇到的不规则事物的一种数学抽象。在煤巷掘进过程中，发现一段时间的瓦斯涌出量大，经过一段时间后，瓦斯的涌出量又较小。大量的理论研究和现场考察表明，煤巷掘进工作面瓦斯涌出量的动态变化与煤体的突出危险性相一致，无论其上升或上下起伏，都是突出危险的前兆信息[105-108]。

Hurst（赫斯特）提出的 R/S 分析法是分形理论中应用较广的一种时间序列分析法。Hurst 等人曾证明，对应于不同的 Hurst 指数 $H(0<H<1)$ 存在以下情况：① $H=0.5$，x_i，$i=1,2,\cdots,N$，表明该序列是相互独立、方差有限的随机序列；② $0.5<H<1$，表明该序列具有长程依赖性，且表现为持续性，即未来变化将与过去的变化趋势一致，过去整体增加的趋势预示将来整体趋势还是增加，反之亦然，且 H 越接近 1，持续性越强；③ $0<H<0.5$，表明该序列具有反长程依赖性，且将来总体趋势与过去相反，即过去增加的趋势预示将来总体上减少，反之亦然，这种现象称为反持续性，且 H 值越接近于 0，反持续越强，而其中的随机性成分越少。这种时间序列具有比随机序列更强的突变性或易变性。目前，已有多种方法计算 Hurst 指数[109-113]。

4.1.1　Hurst 指数的计算方法

4.1.1.1　绝对值法

给定一时间序列 X_i，$i=1,2,\cdots,N$，用长度为 m 的区间分割，得到$[N/m]$个区间（$[\,]$表示取整数），并用 P 标识各区间。在每个区间 P 计算各区间的平均值：

$$X_m(P)=\frac{1}{m}\sum_{i=(P-1)m+1}^{Pm}X_i,P=1,2,\cdots,[N/m] \tag{4-1}$$

然后计算其平均值：

$$X_m = \frac{1}{N/m}\sum_{P=1}^{N/m} |X_m(P)| \tag{4-2}$$

在(m,X_m)的双对数图上，用最小二乘法线性拟合得到斜率 $\alpha = H-1$。

4.1.1.2 聚合方差法

给定一时间序列 $X_i, i=1,2,\cdots,N$，用长度为 m 的区间分割，得到$[N/m]$个区间（[]表示取整数），并用 P 标识各区间。在每个区间 P 计算各区间的平均值：

$$X_m(P) = \frac{1}{m}\sum_{i=(P-1)m+1}^{Pm} X_i, P = 1,2,\cdots,[N/m] \tag{4-3}$$

然后，计算区间平均值的样本方差：

$$\mathrm{Var}X_m = \frac{1}{N/m}\sum_{P=1}^{N/m}[X_m(P) - \overline{X}]^2 \tag{4-4}$$

如果序列存在长程依赖性，则 $\mathrm{Var}X_m = m^\alpha$ 成立。在$(m,\mathrm{Var}X_m)$的双对数图上，用最小二乘法线性拟合得到的斜率为 α，且 $H=(\alpha/2)+1$。

4.1.1.3 R/S 分析法

1. R/S 分析原理

给定一时间序列 $X_i, i=1,2,\cdots,N$，则其平均值为：

$$\overline{X} = \frac{1}{N}\sum_{i=1}^{N} X(i) \tag{4-5}$$

累积差为：

$$X_{t,N} = \sum_{i=1}^{t}[X(i) - \overline{X}], t = 1,2,\cdots,N \tag{4-6}$$

极差为：

$$R(N)=\max(X_{t,N})-\min(X_{t,N}) \tag{4-7}$$

标准差为：

$$S(N)=\sqrt{\frac{\sum_{i=1}^{N}(X_i-\overline{X})^2}{n-1}} \tag{4-8}$$

极差与标准差之比为 $R(N)/S(N)$，简记为 R/S，Hurst (1965)在分析了 R/S 的统计规律时发现存在下列关系：

$$R/S \backsim (aN)^H \tag{4-9}$$

式中 a 为常数(在本节中取 $a=1$)，H 称为 Hurst 指数，其计算公式为：

$$H=\frac{\ln(R/S)}{\ln(aN)} \tag{4-10}$$

式中，N 为观察次数，在某些文献中定义分维数为：$D=2-H$。

2. R/S 法的 Hurst 指数的估计

在作实证分析时，用以下方法来估计 Hurst 指数：

① 把观测次数为 N 的时间序列 $X(t)$分为 M 个长为 T 的区间($2\leqslant T\leqslant N$)。

② 按式(4-5)至式(4-10)计算每个区间的 R/S 值。

③ 计算 M 个 R/S 的算术平均值，记为 $E(R/S)$。

④ 建立关系式 $E(R/S)=(aT)^H$，对其两端取对数得：

$$\log E(R/S)_A=H\log T+C\log a \quad T=2,\cdots,N$$

⑤ 在 $\log E(R/S)$—$\log T$ 图上作回归，取其斜率为 Hurst 指数 H 的估计值。

本书采用此算法计算煤巷掘进工作面的瓦斯浓度序列的 Hurst 指数。

4.1.1.4 周期图法

给定一时间序列 X_t，$t=1,2,\cdots,N$，计算其周期图：

$$f(\lambda)=\frac{1}{2\pi N}\left|\sum_{t=1}^{N}X_t\exp(it\lambda)\right|^2 \tag{4-11}$$

式中，λ 表示频率。周期图是谱密度的估计，因此，若存在长程依赖性，则周期图区正比于 $|\lambda|^{1-2H}$，在 $[\lambda, f(\lambda)]$ 双对数图上，用最小二乘法线性拟合得到斜率 $\alpha = 1-2H$，在实际应用中，取 $\lambda = 2\pi j/N, j=1,2,\cdots,M$，$M$ 一般取 $N/4, N/8, N/16, \cdots$。

4.1.1.5 Whittle 法

基于周期图谱，定义似然函数：

$$Q(\eta) = \int_{-\pi}^{\pi} \frac{I(\lambda)}{f(\lambda,\eta)} \mathrm{d}\lambda \tag{4-12}$$

其中，$I(\lambda)$ 是周期图谱，$f(\lambda,\eta)$ 是谱密度函数。求得该似然函数达到极小值时的 η 即为 H。

4.1.1.6 残差方差法

给定一时间序列 $X_i, i=1,2,\cdots,N$，用长度为 m 的区间分割，得到 $[N/m]$ 个区间（[]表示取整数），并用 k 标识各区间。在每个区间 k，计算累积和 $Y_i, i=1,2,\cdots,m$，并用最小二乘法线性拟合 Y_i；然后计算残差方差 Var*Res*。在 $(m, \mathrm{Var}Res)$ 的双对数图上，用最小二乘法线性拟合得到斜率 α，$\alpha = H/2$。

4.1.1.7 基于标准差的 Hurst 指数

给定一时间序列 $X_i, i=1,2,\cdots,N$，以标准差时间序列计算 Hurst 指数，其计算步骤如下：

① 设时间序列 $X_{j\Delta t}$，Δt 为时间增量，其对数收益率为：

$$Z_{j\Delta t} = \ln X_{(j+1)\Delta t} - \ln X_{j\Delta t} \quad j = 1,2,\cdots,n \tag{4-13}$$

式中，n 为 T 内观察次数，$T = n\Delta t$，T 为时间窗。

② 定义每个时间窗的风险为对数收益率的标准差，即：

$$S = \sqrt{\frac{1}{n-1}\sum_{j=1}^{n}(Z_{j\Delta t} - \overline{Z})^2}, \overline{Z} = \frac{1}{n}\sum_{j=1}^{n} Z_{j\Delta t} \tag{4-14}$$

③ 对长度为 T，互不重叠的全部时间窗计算标准差 $S(i)$。

④ 以 $S(i)$ 为新的时间序列，计算 t 步风险位移之和：

$y(t)=\sum_{i=1}^{t}S(i)$，$t=1,2,\cdots$，其增量 $\Delta y(t)=y(t_0+t)-y(t_0)$，$t_0$ 为初始值。

⑤ 计算增量 $\Delta y(t)$的标准差，即：

$$std(t)=\sqrt{\left|\overline{\Delta y^2(t)}-\overline{\Delta y(t)}^2\right|} \tag{4-15}$$

⑥ 计算 Hurst 指数 H。根据分形时间序列标准差在时间标度上概率分布的相似性，以标准差作为一个新的时间序列，计算新时间序列的差，则有：

$$std(t)=t^H \tag{4-16}$$

式中，$std(t)$是标准差时间序列的标准差；t 是时间标度；H 是 Hurst 指数，其对数形式为：

$$H=\frac{\ln[std(t)]}{\ln t} \tag{4-17}$$

按最小二乘法估算指数 H。

4.1.2 实证研究 R/S 的 Hurst 指数

根据第 3 章恩洪煤矿瓦斯监控系统测得的瓦斯浓度数据序列，采用 MATLAB7.0 软件，自编基于 R/S 分析法的 Hurst 程序，计算它们的 Hurst 指数见表 4-1，并绘出相应的 $\log E(R/S)$—$\log t$，如图 4-1、图 4-2 所示。

表 4-1 各监测地点的瓦斯浓度序列的 Hurst 指数等

类型	监测地点及时间	Hurst 指数	延迟时间 /min	关联数	嵌入维数	最大 Lyapunov 指数
无突出	煤柱回风，2006 年 12 月 3 日零时开始的瓦斯浓度数据系列	0.077 8	3	3.816 9	22	0.055 2
	煤柱回风，2006 年 12 月 18 日零时开始的瓦斯浓度数据系列	0.114 9	5	4.122 9	23	0.105 4

续表 4-1

类型	监测地点及时间	Hurst 指数	延迟时间/min	关联数	嵌入维数	最大 Lyapunov 指数
无突出	煤柱回风,2006 年 12 月 22 日零时开始的瓦斯浓度数据系列	0.068 1	6	4.214 4	19	0.119 3
	下顺槽 901,2006 年 8 月 27 日零时开始的瓦斯浓度数据系列	0.113 7	3	3.832 3	24	0.027 6
突出	下顺槽 901,2006 年 11 月 26 日零时开始的瓦斯浓度数据系列,27 日 23:00 发生突出	0.081 5	11	4.580 7	14	0.301 0
	下顺槽 901,2006 年 12 月 3 日零时开始的瓦斯浓度数据系列,4 日 4:30 发生突出	0.122 5	11	4.575 7	15	0.834 1
	下顺槽 901,2006 年 12 月 18 日零时开始的瓦斯浓度数据系列,19 日 4:07 发生突出	0.101 8	6	4.196 8	17	0.145 9
	下顺槽 901,2006 年 12 月 23 日零时开始的瓦斯浓度数据系列,当天 16:49 发生突出	0.067 7	16	4.787 4	18	0.393 9

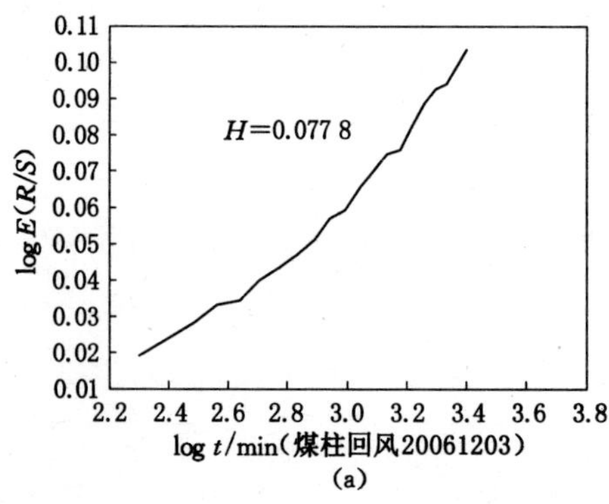

图 4-1　无突出时瓦斯浓度序列 log $E(R/S)$—log t 曲线

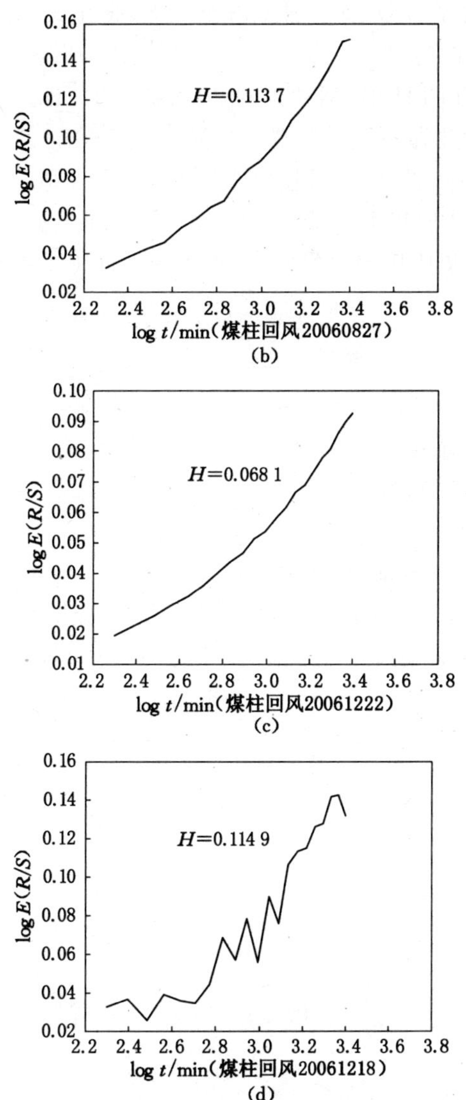

续图 4-1 无突出时瓦斯浓度序列 log $E(R/S)$—log t 曲线

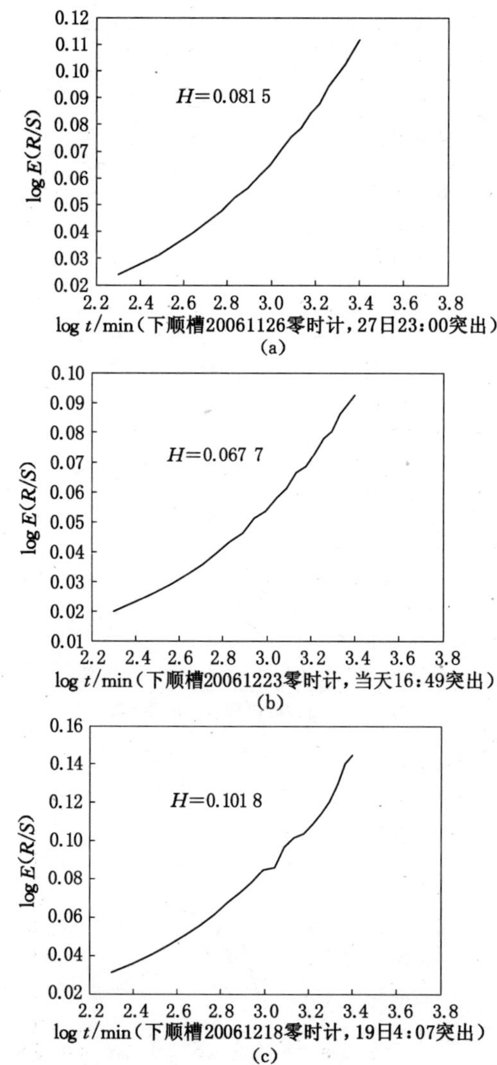

图 4-2　发生突出前 36 h 内瓦斯浓度数据系列

$\log E(R/S)$—$\log t$ 曲线

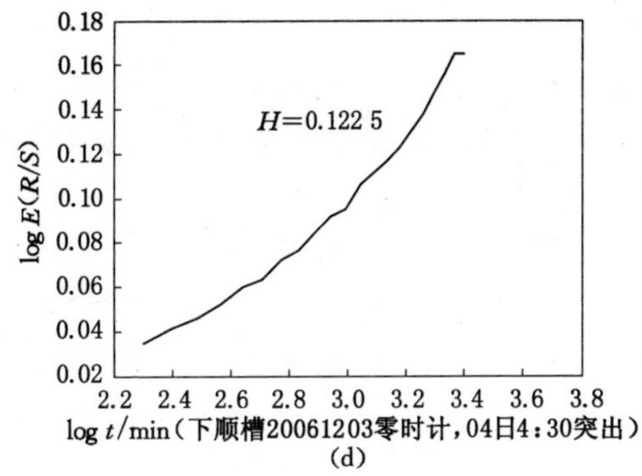

续图 4-2 发生突出前 36 h 内瓦斯浓度数据系列 log $E(R/S)$—log t 曲线

根据图 4-1、图 4-2 和表 4-1，各监测地点的瓦斯浓度数据的 Hurst 指数都小于 0.5，表明恩洪煤矿的瓦斯浓度数据序列具有反长程依赖性，且将来总体趋势与过去相反，即过去增加的趋势预示将来总体上减少，反之亦然。这种现象称为反持续性，H 值越接近于 0，反持续越强，而其中的随机性成分越少。这种时间序列就具有比随机序列更强的突变性或易变性。这与恩洪煤矿在 2006 年发生数次突出是相吻合的。

根据瓦斯监测系统采集的数据，使用数学模型进行计算，可以解决瓦斯涌出中的一些最基本的问题。瓦斯的涌出量是不规则的，但不规则中却蕴含着其规律性。分形理论正是找出了不规则中的规律。分形维数刻画了瓦斯涌出量参差不齐的程度。从计算的结果看来，恩洪煤矿瓦斯涌出量的波动较大，其 Hurst 指数都小于 0.5，具有更强的突变性。

4.2 相空间重构

在非线性动力系统中，任意一个状态变量的演化都是由与之相互作用着的其他状态变量所决定的,因此这些相关变量的信息就隐含在任意一个分量的发展过程中,为了重构一个等价的状态空间,可以考察一个变量,并将它在某些固定延迟时间上的测量作为新维处理,以张成一个多维状态空间[114,115]。重复这一过程并测量相对于不同时刻的各延迟量,就可以产生出许多这样的相点,然后再运用适当的方法来检验该系统的运动中是否存在混沌吸引子。设 n 个状态变量 x_i 随时间演变的非线性动力学方程组为:

$$\frac{\mathrm{d}x_i}{\mathrm{d}t}=f_i(x_1,x_2,\cdots,x_n) \quad i=1,2,\cdots,n \tag{4-18}$$

系统的时间演化由变量$(x_1,x_2,\cdots,x_n)$所张成的 n 维相空间的轨迹来描述:

$$X(t)=[x_1(t),x_2(t),\cdots,x_n(t)]^{\mathrm{T}} \tag{4-19}$$

对式(4-18)描述的 n 维非线性动力学系统,通过消元,使其变换为只含一个变量的 n 阶非线性微分方程:

$$x^{(n)}=f(x,x',\cdots,x^{(n-1)}) \tag{4-20}$$

变换后新的动力系统轨迹为:

$$X(t)=[x(t),x'(t),\cdots,x^{(n-1)}(t)]^{\mathrm{T}} \tag{4-21}$$

式(4-20)和式(4-18)反映了同一个动力系统的特征,只是在坐标 $x(t)$和其直至$(n-1)$阶导数 $x'(t),x^{(2)}(t),\cdots,x^{(n-1)}(t)$所张成的相空间中演变。同理,式(4-21)和式(4-19)也反映了同一个动力系统。

设式(4-20)、(4-21)的状态变量为煤巷掘进工作面瓦斯涌出量,为了重构"等价"于煤体的瓦斯压力、力学性质和煤体的结构等多个变量的状态空间,取瓦斯浓度测定时刻序列为 $t_1,t_2,\cdots,t_n$,在煤巷掘进工作面瓦斯涌出量监测数据中,按上述时刻从煤矿监控系统中取出相应的数值,得到序列 $x(t_1),x(t_2),\cdots,x(t_n)$,再按固定时间间隔 $\Delta t=\tau$ 的整数倍(直至 $n-1$ 倍)加以扩展,得到 m 维相空间的一个相型分布。

$$\begin{matrix} x(t_0) & x(t_1) & \cdots & x(t_i) & \cdots & x(t_n-(m-1)\tau) \\ x(t_0+\tau) & x(t_1+\tau) & \cdots & x(t_i+\tau) & \cdots & x(t_n-(m-2)\tau) \\ x(t_0+2\tau) & x(t_1+2\tau) & \cdots & x(t_i+2\tau) & \cdots & x(t_n-(m-3)\tau) \\ \cdots & \cdots & & \cdots & & \cdots \\ x(t_0+(m-1)\tau) & x(t_1+(m-1)\tau) & \cdots & x(t_i+(m-1)\tau) & \cdots & x(t_n) \\ X(t_0) & X(t_1) & \cdots & X(t_i) & \cdots & X(t_n) \end{matrix} \tag{4-22}$$

其中，$\tau=k\Delta t(k=1,2,\cdots)$为延滞时间，$X(t_i)$为相点，它有 m 个分量，且对应式(4-22)中每一列元素 $x(t_i),x(t_i+\tau),\cdots,x(t_i+(m-1)\tau)$。$n-(m-1)$个相点在 m 维空间中构成一个相型，按时间增长的顺序用线将各相点连起来，它即成为描述煤巷掘进工作面瓦斯涌出量在 m 维空间中的演化轨迹。

4.3 相空间延迟时间

嵌入理论中对延迟时间 τ 未作限制，但实际应用中，τ 不宜过大也不宜过小。τ 过大，系统中一个时刻的状态和其后的状态在因果关系上变得毫不相关，使轨道上相邻点投影到不相关的方向上，这样即使简单的轨道也看起来极为复杂，同时也将减少使用的有效数据点数。τ 过小，将会使重构的动力系统相轨道由于相关性较强挤压在对角线方向上，从而不能展示系统的动力特征。

延迟时间 τ 的选取通常是基于两个途径[116,117]。一是选取的 τ 要保证各个嵌入坐标之间的相互独立性或无相关性；二是保证重构相空间能充分展现系统吸引子的几何性质和拓扑性质。

目前用来选取 τ 的方法很多[118,119]，如自相关函数法、去偏复自相关函数法、互信息量法和真实矢量场法。其中去偏复自相关函数法是非常成熟的求时间延迟 τ 的方法。对于时间序列$(x_1,x_2,\cdots,x_n)$，序列$\{x_i\}$时间跨度为 t 的去偏复自相关函数为：

$$YXST(\tau) = \frac{1}{N}\sum_{i=1}^{N}\sum_{j=1}^{m}(x_i - \bar{x})(x_{i+j\tau} - \bar{x}) \qquad (4\text{-}23)$$

式中，$\bar{x}$ 为数据序列均值，而在实际应用中序列一般是近似无偏的，因此去偏复自相关函数法就简化为去偏复自相关法。对一般的情况，近似有：

$$YXST(\tau) = R_{xx}^{m}(\tau) - (m-1)(\bar{x})^2 \qquad (4\text{-}24)$$

式中：

$$R_{xx}^{m}(\tau) = \sum_{j=1}^{m-1} R_{xx}(j\tau)\ ; \quad R_{xx}(j\tau) = \frac{1}{N}\sum_{i=1}^{N} x_i x_{i+j\tau}$$

因此，设定 m 维相空间重构的去偏复自相关法为：作复自相关函数 $YXST(\tau)$关于时间 t 的图形，当函数第一次取值零时，所得时间值就是重构相空间的最佳延迟时间 τ。或者根据数值试验结果，也可取自相关函数下降到初始值的(1－1/e)时，所对应的时间为重构相空间的延迟时间 τ。

根据第 3 章恩洪煤矿瓦斯监控系统测得的瓦斯浓度数据系列，应用 MATLAB 7.0 自编的去偏复自相关法程序，计算它们的延迟时间见表 4-1，并绘出相应的 $YXST$ 复自相关法-延迟时间 t 函数图，如图 4-3、图 4-4 所示。

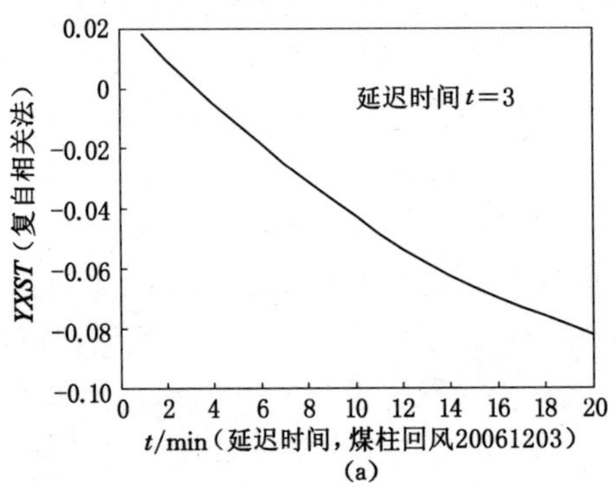

图 4-3　无突出瓦斯浓度序列延迟时间曲线

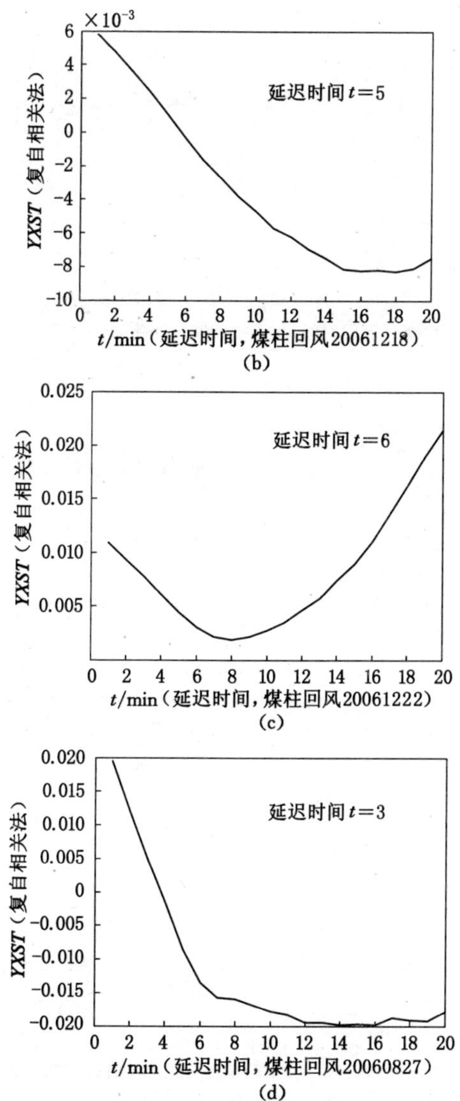

续图 4-3　无突出瓦斯浓度序列延迟时间曲线

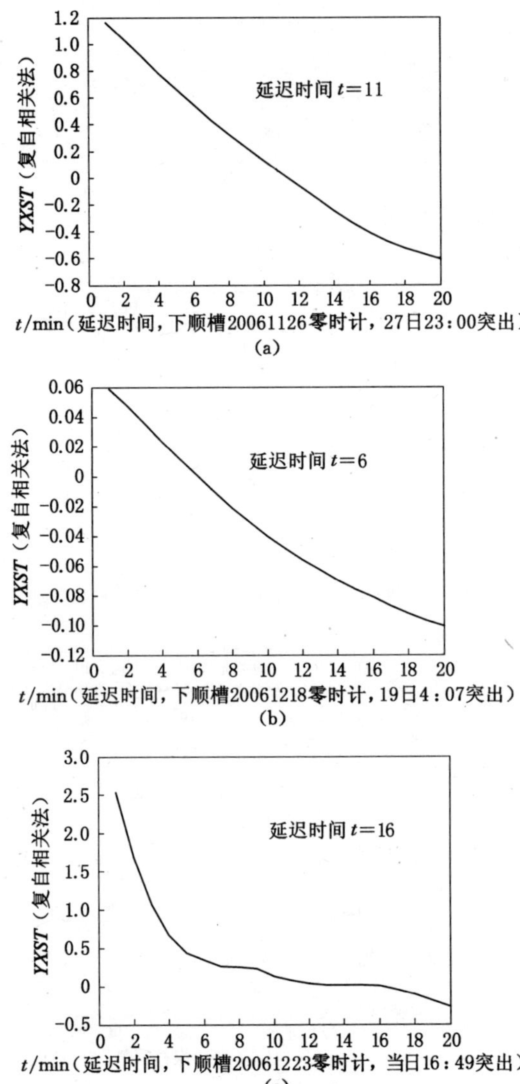

图 4-4　突出前 36 h 内瓦斯浓度延迟时间曲线

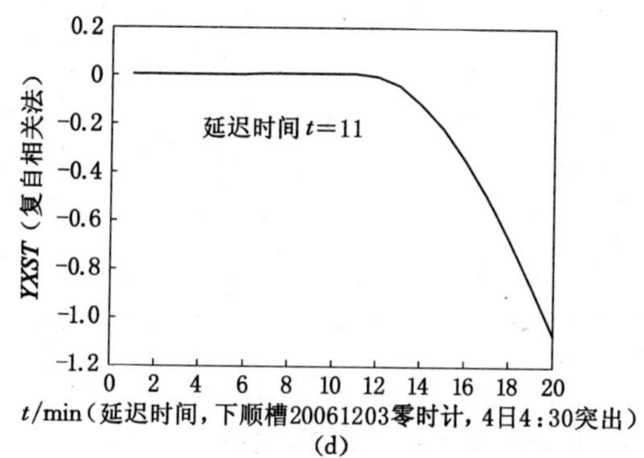

(d)

续图 4-4　突出前 36 h 内瓦斯浓度延迟时间曲线

从图 4-3、图 4-4 可以看出，发生煤与瓦斯突出之前 36 h 内瓦斯涌出量时间序列的延迟时间分别是 11 min、6 min、16 min、11 min，正常情况的瓦斯涌出量时间序列的延迟时间分别是 3 min、5 min、6 min、3 min，比正常情况的瓦斯涌出量时间序列的延迟时间都大。这说明发生突出的相空间轨迹比正常情况更复杂。

4.4　关联维数

关联维数是对相空间中吸引子复杂度的度量，同时也是一种用于混沌识别的方法。对于随机序列，随着嵌入维数的升高，关联维数沿对角线不断增大；而对于混沌序列，随着嵌入维数的升高，关联维数会出现饱和现象。因而可以根据关联维数是否具有饱和现象来区别混沌序列与随机序列，这种方法称之为饱和关联维数法。

研究监测序列关联维数 D_2 的意义在于：

(1) 如果 $D_2(m)$ 随 m 的增加趋于无穷大，表示吸引子不存在，从而可以判定该监测数据序列为随机序列。

(2) 如果 $D_2(m)$和 m 呈线性函数关系,则表明监测序列是白噪声的。

(3) 如果当 m 增加到饱和嵌入维数 m_c 时,$D_2(m)$在一定误差范围内趋于稳定,表明系统是一个混沌系统。

只有清楚掌握了监测的瓦斯浓度序列的特征,才能选择有针对性的研究和预测方法。很显然,对于混沌系统如果采用随机理论,或随机系统采用混沌理论进行分析和预测都是不合适的。

4.4.1 基于 G-P 算法的关联维数

关联维数是最常用的混沌指标,它由 Grassberger 和 Procaccia 首次提出,故又称 G-P 算法。其计算方法如下:

考察 m 维相空间中的一对相点:

$$X(t_i)=(x(t_i),x(t_{i-\tau}),\cdots,x(t_{i-(m-1)\tau})) \tag{4-25}$$

$$X(t_j)=(x(t_j),x(t_{j-\tau}),\cdots,x(t_{j-(m-1)\tau})) \tag{4-26}$$

设它们之间的距离,即欧式模 $r_{ij}(m)$,显然 $r_{ij}(m)$是相空间维数 m 的函数,即:

$$r_{ij}(m)=\| X(t_i)-X(t_j) \| \tag{4-27}$$

给定一临界距离 r,距离小于 r 的点对数目在所有点对中所占比例记为 $C_m(r)$:

$$C_m(r)=\frac{1}{N(N-1)}\sum_{1\leqslant i\leqslant j\leqslant N} H(r-\| X(t_i)-X(t_j) \|) \tag{4-28}$$

式中,N 为总相点数,$H(x)$称为 Heaviside 函数,定义如下:

$$H(x)=\begin{cases}1 & x>0\\ 0 & x\leqslant 0\end{cases} \tag{4-29}$$

$C_m(r)$是一个累积分布函数,它描写了相空间中的吸引子上两点之间距离小于 r 的数量,刻画了相对于相空间某参考点 $X(t_i)$为基础在 r 内的相点集的程度,称 $C_m(r)$为吸引子的关联函数。

若 r 选得太小,以致距离 $\| X(t_i)-X(t_j) \|$ 都比 r 大,则 $C_m(r)=0$,表示相点分布在 r 范围之外;若 r 选得太大,一切点对的距离都不会超过它,则 $C_m(r)=1$。所以,若 r 选取不当则反映不了系统的内部性质。一般地说,r 的取法要使得 $0\leqslant C_m(r)\leqslant 1$ 有意义。另外,G-P 方法在处理非静态、短数据集和混有噪声的高维混沌系统时有很大的局限性[120]。

4.4.2　适用于高维混沌系统的关联维数的 G-K 算法

2000 年,Yu 等提出了一种计算关联维数的新算法,叫作 Gaussian-Kernel 算法,简称 G-K 算法。

G-K 算法的思路是将一个高维混沌系统看成是具有关联维数的低维混沌和高维混沌成分的组合。因此,它与 G-P 算法的主要不同在于考虑了高维混沌成分的影响。设存在一尺度时间序列 $\{V_i:i=1,2,\cdots,N_i\}$,则相关维数 D_2 的定义式为:

$$D_2=\lim_{r\to 0,N_i\to\infty}\frac{\ln C_m(r)}{\ln r}$$

其中 $C_m(r)$ 为关联积分,r 为重构吸引子轨道上两邻点之间的距离,N_i 为时间序列的长度。

G-K 算法与 G-P 算法中关联维数的定义是相同的,而最大的不同在于对关联积分 $C_m(r)$ 定义的差异,在 G-P 算法中关联积分 $C_m(r)$ 定义式为式(4-28)。G-K 算法中关联积分 $C_m(r)$ 定义式为[121]:

$$C_m(r)=\frac{2}{N(N-1)}\sum_{1\leqslant i\leqslant j\leqslant N}\exp\left[-\frac{\| X(t_i)-X(t_j)\|^2}{4r^2}\right] \tag{4-30}$$

其中,m 为重构相空间的维数,N 是数据点数,$\exp\left(-\frac{\| x_i-x_j \|^2}{4r^2}\right)$为核心函数 $K(x)$。

G-K 算法用 $K(x)$ 函数代替 G-P 算法相关积分定义中的

Heaviside 函数,考虑了高维成分对系统动态特性的影响。此时,高维成分符合高斯分布。对于含有高维成分的混沌数据,G-K 算法的相关积分 $C_m(r)$中的 $K(x)$函数式写为:

$$K(x)=\exp\left[-\frac{\| x_i-x_j \|^2}{4(r^2+\sigma^2)}\right]$$

D 表征了混沌数据中的高维成分。此时高维混沌系统的相关维数为:

$$D(r)=\frac{D_2+m\gamma^2}{1+\gamma^2}$$

式中,D_2是高维混沌系统中低维混沌部分的相关维数,$\gamma=\frac{\sigma}{r}$是高维成分 δ 和 r 之比。

上式表明在高维混沌中存在两个部分:当 $\gamma\ll 1$ 时,$D(r)\to D_2$(即低维混沌部分);当 $\gamma\gg 1$ 时,$D(r)\to m$(即全部的高维混沌)。这样就可以同时定量低维部分的相关维数和高维成分。由于G-K 算法考虑了高维成分的影响,因此它比 G-P 算法更适合于高维混沌的研究。

G-K 算法确定关联维数的方法具体步骤如下:

(1) 应用时间序列重新构造一个 m 维的相空间。

(2) 依次取若干个不同的 r 值,分别按式(4-30)计算出关联积分。

(3) 根据 $D(m)=\left|\frac{\ln C_m(r)}{\ln r}\right|$ 计算关联维数的估计值。一般是根据所取的若干 r 值和与其对应的 $C_m(r)$值作出 $\ln C_m(r)$—$\ln r$ 曲线,而其直线部分的斜率就是关联维数 $D(m)$。

(4) 不断提高嵌入维数 m,依次重复步骤(2)和步骤(3),直至 m 达到某一值 m_c 时,相应的关联维数的估计值 $D_2(m)$不再随 m 的增长而发生有意义的变化为止。

4.4.3 实例分析

根据第3章恩洪煤矿瓦斯监控系统测得的瓦斯浓度数据系列，采用MATLAB7.0软件，自编关联维数程序，计算它们的关联维数见表4-1，并绘出相应的关联维数D_2-嵌入维数m的曲线，如图4-5、图4-6所示。

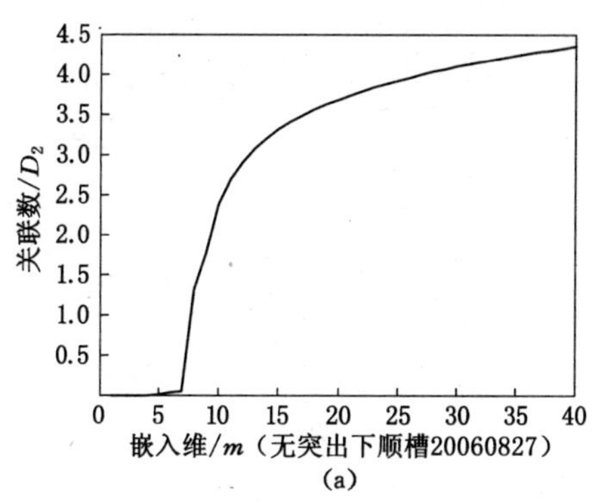

(a)

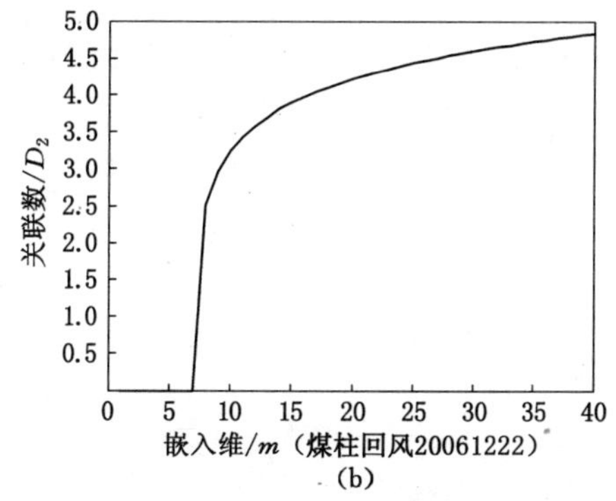

(b)

图4-5 无突出瓦斯浓度的关联维数D_2与嵌入维数m的曲线

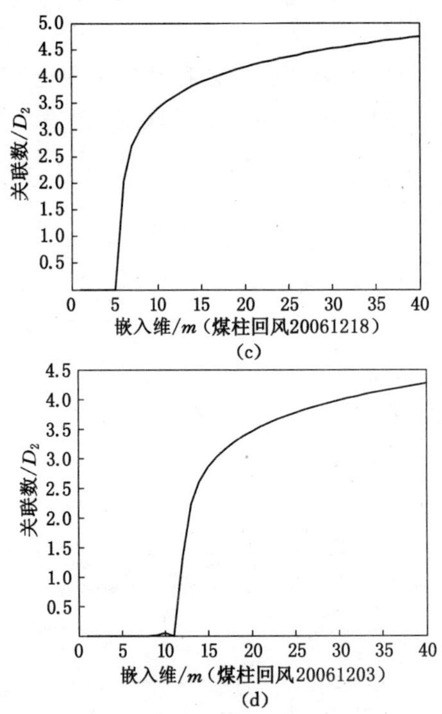

续图 4-5　无突出瓦斯浓度的关联维数 D_2 与嵌入维数 m 的曲线

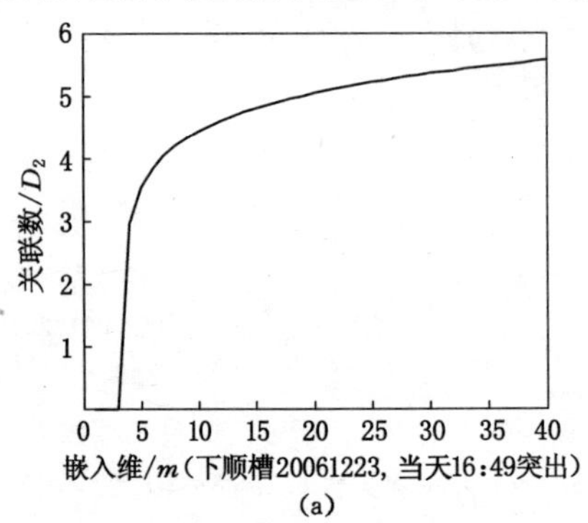

图 4-6　36 h 内发生突出瓦斯浓度的关联维数 D_2 与嵌入维数 m 的曲线

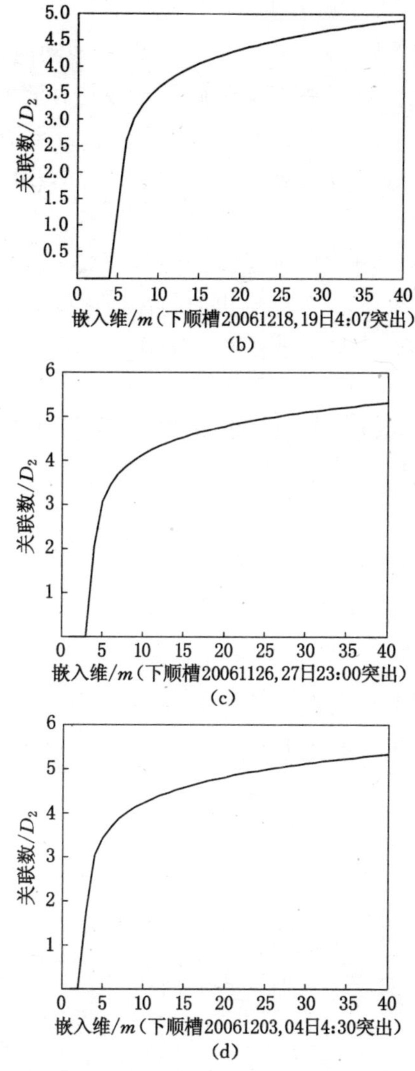

续图 4-6　36 h 内发生突出瓦斯浓度的关联维数 D_2 与嵌入维数 m 的曲线

由图 4-5、4-6 可以看出，瓦斯浓度数据系列的关联维数均可以在一定的误差范围内收敛于一个稳定的饱和值，因而说明系统是存在吸引子的，而不是随机系统，系统是可预测的。发生煤与瓦斯突出之前 36 h 内瓦斯浓度的关联维数和最小饱和嵌入维分别是：下顺槽的关联维数 4.79、4.58、4.20、4.58，相应的最小饱和嵌入维 18、15、17、14。而正常的瓦斯浓度的关联维数和最小饱和嵌入维分别是：下顺槽的关联维数 3.82、4.12、4.21、3.83，最小饱和嵌入维 22、23、19、24。发生突出前的瓦斯浓度的关联维数都大于正常的关联维数，而最小饱和嵌入维却正好相反。

4.5 煤巷掘进工作面瓦斯浓度的 Lyapunov 指数分析

4.5.1 Lyapunov 指数

对于混沌不变集合的复杂性是用几何图形去把握的，但实际问题中能弄清其几何构造的集合非常有限，特别是当系统在四维以上时，其相图已无法直观地想象。Lyapunov 指数是描述耗散体系相空间中相体积收缩过程几何特征变化的物理量，可以用来判断系统是否是混沌。

设 $f:R\to R$，由 f 生成动力系统 f^m，任取 $x\in R$ 以及 x 邻近的点 $x+\Delta x$，设 $f^m(x)$ 和 $f^m(x+\Delta x)$，$m\geqslant 0$ 是分别以 x 和 $x+\Delta x$ 为初值的轨道。若 f 是连续可微的，则：

$$|f^m(x+\Delta x)-f^m(x)|\approx\left|\frac{\mathrm{d}f^m(x)}{\mathrm{d}x}\right|\cdot|\Delta x|=|Df^m(x)|\cdot|\Delta x| \tag{4-31}$$

令

$$\lambda(x)=\lim_{m\to\infty}\frac{1}{m}\ln|Df^m(x)| \tag{4-32}$$

称 $\lambda(x)$ 为 f 在点 x 处的 Lyapunov 指数。式(4-32)取的是上极限，即 $\frac{1}{m}\ln|Df^m(x)|$ 的最大的极限点，所以应有无穷多个自然数 m_i，使得：

$$\frac{1}{m_i}\ln|Df^{m_i}(x)| \to \lambda(x), \quad m_i \to \infty \tag{4-33}$$

即

$$|Df^{m_i}(x)| \approx \exp[m_i\lambda(x)], m_i > 1, \text{且 } m_i \text{ 充分大} \tag{4-34}$$

从而

$$|f^{m_i}(x+\Delta x) - f^{m_i}(x)| \approx \exp[m_i\lambda(x)] \cdot |\Delta x|, m_i \text{ 充分大} \tag{4-35}$$

这表示当 $\lambda(x)>0$ 时，系统 f^m 关于 x 点具有敏感的依赖性，若存在着非零 Lebesque 测度的集合 $A\subseteq R$，使得当 $x\in A$ 时，则 $\lambda(x)>0$，则 f^m 当然是混沌的动力系统。

4.5.2 混沌与 Lyapunov 指数

混沌现象是非线性动力系统中常见的现象，混沌系统被认为是一个确定系统，同时它对系统初值具有极强的敏感性。Lyapunov 指数用来表征系统内部相邻点间辐散的平均速率。一个正的 Lyapunov 指数值衡量两个相邻轨道的平均指数分离程度，而一个负的 Lyapunov 指数则衡量两个相邻轨道的平均指数靠拢程度。如果一个离散非线性系统是耗散的，那么正的 Lyapunov 指数则是系统混沌的一个重要度量指标。Lyapunov 指数与系统运动特性间的对应关系见表 4-2[122]。

表 4-2　Lyapunov 指数与系统的运动特性

运动特性	Lyapunov 指数
定常运动	$Ly_i<0, i=1,2,\cdots,n$
周期运动	$Ly_1=0$，　$Ly_i<0, i=2,3,\cdots,n$

续表 4-2

运动特性	Lyapunov 指数
准周期运动	$Ly_1 = LE_2$，　$Ly_i < 0, i=3,4,\cdots,n$
混沌运动	$Ly_1 > 0$，　LE_i 可正、可负或零，$i=2,3,\cdots,n$
随机运动	$Ly_1 \to \infty$，　LE_i 可取任意值，$i=2,3,\cdots,n$

计算混沌系统最大 Lyapunov 指数的方法很多[123]，有 Wolf 法、Jocobian 法、Rosenstein 小数据量法等。现有的研究认为 Wolf 法适用于时间序列无噪声，且空间中小向量演变高度非线性；Jocobian 法适用于时间序列噪声大，且空间中小向量接近线性。Rosenstein 等提出计算最大 Lyapunov 指数的小数据量法，具有计算量小，对小数据序列可靠，可用于有噪声的情况等特点。但算法是否有效或能否得到可信的计算结果很大程度上依赖于演化步长 j 与相空间轨线单位时间内的平均指数分离率 $y(j)$ 间变化曲线的线性趋势部分的存在。实际上，以上结论的得出并不是基于严格的理论推导、证明，而是基于实际观测数据的 Lyapunov 指数计算效果得到的经验说法。就算法而言，其中 Wolf 算法和 Rosenstein 小数据量算法较为常用，两种算法都是从寻求相空间轨线演化规律来计算 Lyapunov 指数，物理意义明确。但在实际使用过程中，Wolf 算法存在一个问题：在新旧向量转换过程中，对新向量要求同时满足较小的长度及与旧向量保持较小的夹角，但并未对此提出明确的解决办法。

4.5.3 改进 Wolf 算法

4.5.3.1 演化向量模的构建

如图 4-7 所示，考虑到较小演化向量长度及较小的演化角度要求，而向量长度与演化角度是不同的物理量，对向量长度和演化角度进行极化处理，化成 0 到 1 的无量纲化数，然后把向量长度的无量纲化数与演化的角度无量纲化数相加之和的最小数作为满足较小演化向量长度及较小的演化角度的要求，提出式(4-37)的计算式。

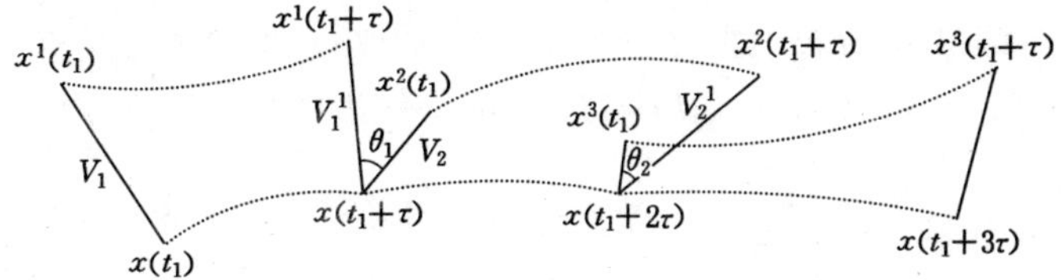

图 4-7 计算 Lyapunov 指数的向量演化示意图

4.5.3.2 改进算法计算步骤

(1) 由相空间去偏复自相关函数法确定延迟时间 τ 及由混沌系统关联维数计算方法确定相空间最小嵌入维数 m_m 重构相空间。

(2) 以初始相点 $x(t_1)$为基点，在其余点中选取与 $x(t_1)$最近的点 $x^1(t_1)$，二者构成初始向量，记为 V_1，长度为 $L_1(t_1)$。

(3) 令初始向量沿系统的运行轨线向前演化时间为 k. 其相应的端点为 $x(t_1+k\tau)$及 $x^1(t_1+k\tau)$，计算 V_1'的长度，记为 $L_1^1(t_1+k\tau)$，则有

$$\lambda_1=\frac{1}{k}\log\frac{L_1}{L_1^1} \tag{4-36}$$

(4) 以 $x(t_1+k\tau)$为新的基点，在点集$\{x(t_i)\}$的其余相点选取新的向量代替 V_1^1，二者构成新的向量，记为 V_2，其长度计算得 $L_2(t_1+k\tau)$。考虑 V_2 应具有小的长度，并与 V_1^1 保持小的夹角，令

$$HV_2=\min\left[\frac{\arccos\frac{V_1^1\cdot V_2}{\|V_1^1\|\cdot\|V_2\|}-\min\left(\arccos\frac{V_1^1\cdot V_2}{\|V_1^1\|\cdot\|V_2\|}\right)}{\max\left(\arccos\frac{V_1^1\cdot V_2}{\|V_1^1\|\cdot\|V_2\|}\right)-\min(\arccos\frac{V_1^1\cdot V_2}{\|V_1^1\|\cdot\|V_2\|})}+\frac{\|V_2\|-\min\|V_2\|}{\max\|V_2\|-\min\|V_2\|}\right] \tag{4-37}$$

并限制 $V_1^1\times V_2\geqslant 0$ ，使得 V_1^1 与 V_2 的夹角小于 90°。选取使上式

HV_2 最小的新基点形成新的向量 V_2。

(5) 以 V_2 为新的初始向量,重复(3)得 $\lambda_2 = \frac{1}{k}\log\frac{L_2^1}{L_2}$。

(6) 上述过程一直进行到 $\{x(t_i)\}$ 的终点。取指数增长率 Ly_i,$(i=1,2,\cdots,N)$ 的平均值作为 Lyapunov 指数的计算值,即 $Ly_1 = \frac{1}{N}\sum_{i=1}^{N}\frac{1}{k}\times\log_2\frac{L_i^1}{L_i}$;其中 N 表示演化的总步骤,Ly 表示单位时间内信息量的变化。

(7) 增加嵌入维数 m,重变(3)~(6) 过程,直至 Lyapunov 指数估计值随 m 变化而变得较为平稳为止,此时得到的 Lyapunov 指数最大值即为所求最大 Lyapunov 指数。

4.5.4 实例分析

根据第 3 章恩洪煤矿瓦斯监控系统测得的瓦斯浓度数据系列,应用 MATLAB7.0 自编的改进算法 Lyapunov 指数程序,计算它们的最大 Lyapunov 指数见表 4-1,并绘出相应的 Lyapunov 指数曲线,如图 4-8、4-9 所示。

根据表 4-1 及图 4-8、图 4-9 发现:发生煤与瓦斯突出之前 36 h 内瓦斯浓度序列 Lyapunov 指数的最大值分别是:0.301 0、0.145 9、0.393 9、0.834 1。而不发生突出的瓦斯浓度序列的 Lyapunov 指数的最大值分别是:0.027 6、0.119 3、0.055 2、0.105 4。恩洪煤矿所监测的瓦斯浓度数据序列的 Lyapunov 指数的最大值都大于零且小于无穷大,说明所测得的瓦斯浓度数据序列是混沌的。另外,也发现在发生煤与瓦斯突出之前 36 h 内瓦斯浓度序列 Lyapunov 指数的最大值,都大于不发生突出的瓦斯浓度序列的 Lyapunov 指数的最大值的规律。这说明具有发生煤与瓦斯突出的瓦斯浓度序列的混沌性较强,而没有煤与瓦斯突出的瓦斯浓度序列的混沌性较弱。煤岩体的动力学行为具有混沌特性,只是强弱不同;瓦斯浓度序列的最大 Lyapunov 指数可以成为表征煤与瓦斯突出与否的特征。

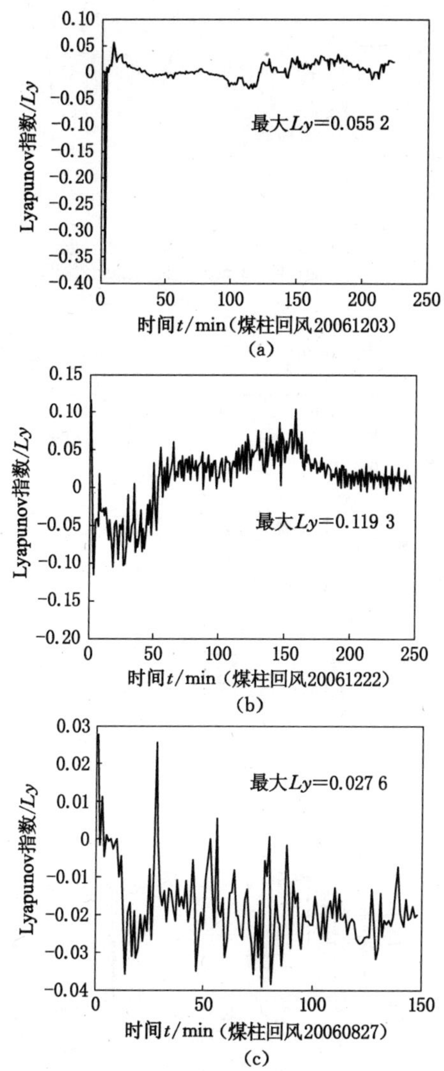

图 4-8 无突出瓦斯浓度的 Lyapunov 指数曲线

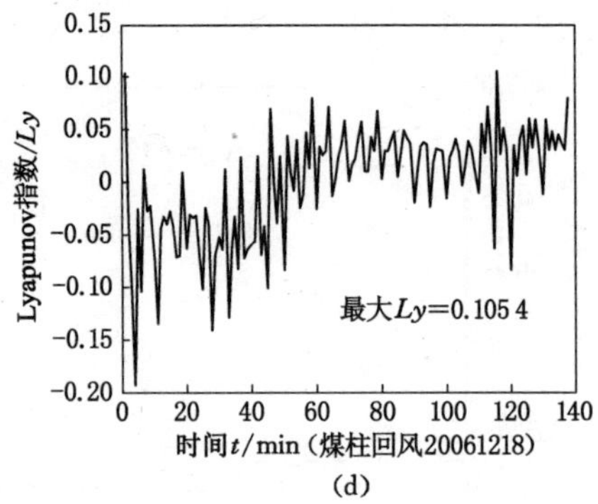

(d)

续图 4-8　无突出瓦斯浓度的 Lyapunov 指数曲线

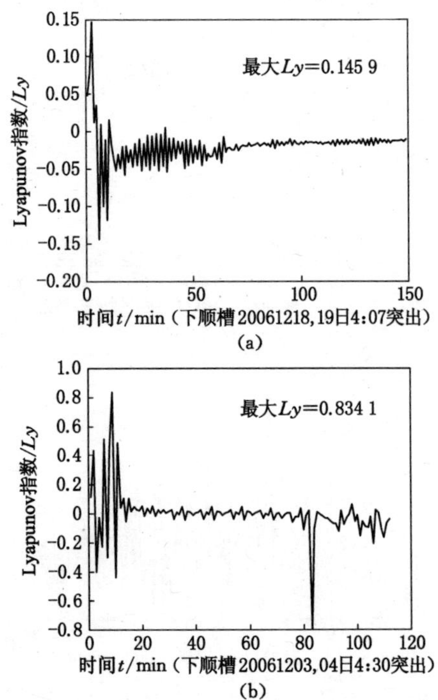

图 4-9　36 h 内发生突出瓦斯浓度的 Lyapunov 指数曲线

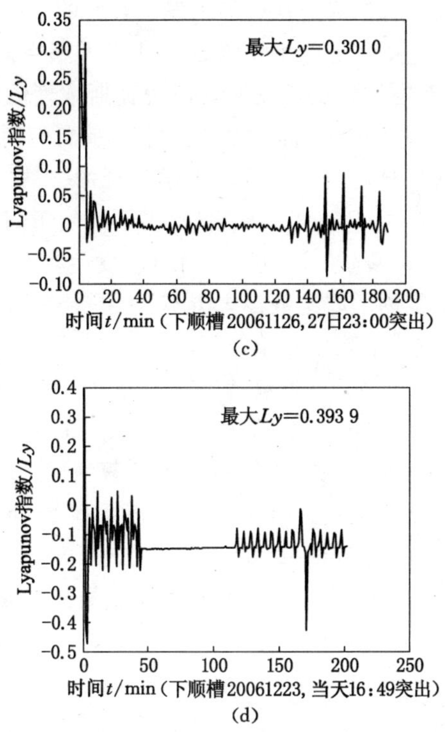

续图 4-9　36 h 内发生突出瓦斯浓度的 Lyapunov 指数曲线

4.6　本章小结

本章研究了如何基于煤矿瓦斯监测监控系统实测的瓦斯浓度数据序列来识别煤与瓦斯突出发展及破坏过程中的混沌吸引子并分析它的意义和特征，主要表现在：

(1) 计算了描述系统混沌状态的 Hurst 指数，其 Hurst 指数都小于 0.5，具有更强的突变性。

(2) 研究了根据煤与瓦斯突出发生与否的发展过程中瓦斯浓度的变化规律，采用复自相关函数法计算了相空间的延迟时间。发现了在 36 h 内发生煤与瓦斯突出的瓦斯浓度的相空间延迟时间大于等于不发生突出的瓦斯浓度的相空间延迟时间。

(3) 关联维数是表示系统动力学特征的方法之一，指出了原来计算关联维数 G-P 算法的缺陷，提出了适用于高维混沌系统的关联维数的 G-K 算法。通过计算发现：发生煤与瓦斯突出之前 36 h内瓦斯浓度的关联维数都大于不发生突出的瓦斯浓度的关联维数；而最小饱和嵌入维却正好相反。

(4) 最大 Lyapunov 指数是表征系统运动特性的主要指标，分析了计算最大 Lyapunov 指数的 Wolf 法、Jocobian 法、Rosenstein 小数据量法的优缺点，提出了改进 Wolf 算法。通过计算发现：在发生煤与瓦斯突出之前 36 h 内瓦斯浓度系列 Lyapunov 指数的最大值都大于不发生突出的瓦斯浓度序列的 Lyapunov 指数的最大值的规律。这说明具有发生煤与瓦斯突出的瓦斯浓度序列的混沌性较强，而没有煤与瓦斯突出的瓦斯浓度序列的混沌性较弱。煤岩体的动力学行为具有混沌特性，只是强弱不同；瓦斯浓度序列的最大 Lyapunov 指数可以成为表征煤与瓦斯突出与否的特征。

5　煤巷掘进工作面瓦斯涌出量的非线性预测

5.1　预测概述

瓦斯灾害是煤矿中最严重的灾害之一，据统计，近十年来我国煤矿瓦斯事故造成的死亡人数占煤矿重特大事故死亡人数的60%左右。近年来相继发生的多起死亡百人以上的瓦斯事故，造成了恶劣的影响。瓦斯治理已经成为我国煤矿安全的主攻方向。

在工作面风量保持相对不变的情况下，煤巷的掘进工作面瓦斯涌出量预测就相当于工作面瓦斯浓度预测。煤巷掘进工作面瓦斯浓度预测，就是以煤层瓦斯含量及其分布规律，或以煤层瓦斯涌出量变化规律为基础，结合地质因素、开采因素选取合理参数，以一定的方法预计瓦斯浓度多少的工作过程。瓦斯浓度是矿井通风管理及瓦斯防治管理的基础，对矿井安全、防治瓦斯爆炸和开采都有重要影响。随着开采深度和产量的增加，特别是集约化生产的开采强度大、生产集中、推进速度加快，瓦斯潜在的影响因素更加显著。准确地预测矿井瓦斯浓度的大小，对预防煤层瓦斯突出、瓦斯积聚超限和发生瓦斯爆炸等煤矿恶性事故，保证煤矿的安全，具有重要意义。

另外，瓦斯浓度是决定矿井通风管理的主要指标，其预测结果的正确与否，将直接影响矿井的技术经济指标。若预测工作面的瓦斯浓度偏低，就必须立即进行局部风量调节，否则可能存在瓦斯爆炸的危险性；若预测回风井的瓦斯浓度偏低，矿井投产不久就需要进行通风改造，或者被迫降低产量，从而造成很大的经济损失；若预测回风主井的瓦斯浓度偏高，势必增加不必要的投资，造成很大的浪费。因此，正确预测瓦斯浓度，对于指导矿井的安全和管理有重要的现实意义。

预测瓦斯涌出量的传统方法有矿山统计法、分源法和综合法[76]，它们都是基于涌出量与影响因素之间为线性关系进行预测的，其精度往往不高。实际上，矿井瓦斯涌出系统，是随时间动态发展的复杂系统，瓦斯浓度是受自然因素和开采与技术因素综合影响的结果。根据上一章的煤巷掘进工作面瓦斯浓度时间序列的混沌判别研究，瓦斯浓度时间序列是混沌的。采用传统的方法从分析这些影响因素来预测，有其各自的适用性，并且它们预测过程是静态的，没有考虑瓦斯浓度是一个动态的非线性的复杂系统。

随着非线性理论，特别是混沌理论的发展，人们对于确定性和随机性的认识发生了深刻的变化。混沌时间序列的建模和预测已成为近年来混沌研究领域的一个重要热点。混沌理论表明：简单确定的非线性系统可以产生简单而确定的行为，但也可以产生貌似随机的不确定行为。如果发现了这些相对简单的模型，那么对不确定性未来的预测就有可能实现。Takens 嵌入定理提供了预测混沌时间序列的理论基础，基于 Takens 的嵌入定理和相空间重构思想，人们已提出了许多预测混沌时间序列的非线性预测方法。但是，由于混沌系统具有对初始条件的极度敏感性，微小的初始差别会最终导致巨大的差异，因此煤矿瓦斯涌出量时间序列的长期演化行为是不能进行长期预测的，只能进行短期预测，而有效预测时间区间长度又依赖于混沌的程度。

5.2 瓦斯涌出量时间序列预测算法

传统的预测方法，主要有动力学方法和数理统计方法，这些方法的共同特点就是先建立时间序列的主观模型，然后根据模型进行计算和预测。随着非线性科学的发展，一种完全不同的方法应运而生，可以不必事先建立模型，而直接根据时间序列本身计算得到的非线性特征和规律进行预测。这类方法可以避免主观建模时受到的人工干涉，从而在某种程度上提高了预测的精度和可信度。对非线性时间序列进行预测时，要确认该时间序列是产生自一个确定性、非线性的动力系统，即系统有一定的规律性。借助这种动力学的确定性才能够从事短期或长期的预测工作。

利用相空间重构来预测时间序列的方法有许多种类，根据拟合相空间中吸引子的方式可以分为全局法和局域法。下面将对其中常用的全局法、局域法、加权零阶局域、加权一阶局域法等非线性时间预测方法进行简单说明，并就个别预测方法进行改进。

5.2.1 全局法

(1) 全局域算法。

设时间序列为 $x(t)$，$t=1,2,\cdots,N$，嵌入维数 m，延迟时间 τ，则重构相空间为：

$$X(t)=(x(t),x(t+\tau),\cdots,x(t+(m-1)\tau)) \quad X\in R^m,t=1,2,\cdots,N \tag{5-1}$$

根据 Takes 定理可以知道，存在一个光滑映射 f：$R^m \to R^m$，从而定义相空间轨迹表达式：

$$X(t+1)=f(X(t)) \quad t=1,2,\cdots,N \tag{5-2}$$

上述映射可以表示为时间序列：

$$\begin{aligned}&(x(t+\tau),x(t+2\tau),\cdots,x(t+m\tau))\\&=f(x(t),x(t+\tau),\cdots,x(t+(m-1)\tau))\end{aligned} \tag{5-3}$$

所谓全局法是指将相空间中吸引子轨道中全部的数据点作为拟合对象,寻找其中的规律,即寻找或者通过拟合得到 $f(\cdot)$,由于时间序列长度、延迟时间选择以及噪声干扰等诸多因素的影响,相空间重构存在失真,因此不能够真正求出映射 $f(\cdot)$。通常只能够根据给定的时间序列构造映射 $\underline{f}: R^m \to R^m$,$\underline{f}$ 使尽量逼近理论上的 f,即

$$\varepsilon = \sum_{t=0}^{N} [X(t+1) - \underline{f}(X(t))]^2 \tag{5-4}$$

ε 达到最小的 $\underline{f}: R^m \to R^m$。

如果嵌入空间维数 m 比较低时,可以考虑用比较高阶的多项式进行全局近似,若 m 比较大时,采用高阶多项式将无法满足要求,因而一阶线性模型(经典的自回归模型)却在实际中经常使用[124]:

$$x_{t+1} = \sum_{i=1}^{m} a_i x_{t+1-i} + A \tag{5-5}$$

当然,这类研究的是非线性时间序列问题,因此令

$$A = k\xi_{t+1} \tag{5-6}$$

其中,A 在这里表示系统未知部分的影响。ξ_{t+1} 看成是一个服从 $N(0,1)$分布的高斯随机变量,k 是较小的定常因子,用来调整随机性引入的强度。从时间序列中先求出 a_i,$i=1,2,\cdots,m$,并且尽量使得 A 部分影响最小,则求得 a_i 使得下面的误差平方和最小。

$$\delta_d = \sum_{t=m}^{N} \left(x_t - \sum_{i=1}^{m} a_i x_{t-i}\right)^2 \tag{5-7}$$

根据下面的公式:

$$\sum_{i=1}^{m} a_i C(i-j) = C(j), j = 1,2,\cdots,m \tag{5-8}$$

其中 $C(\cdot)$ 是自相关函数,可求出系数 a_i。进一步令 $k=$

$\sqrt{\dfrac{\delta_d}{N-m}}$，$\xi_t$ 是随机且服从高斯分布，则式(5-5)可以给出较好的预测效果。

(2) 利用全局法进行预测。

下面看一个简单的例子[124]

设时间序列 $x(t)$，$t=1,2,\cdots,18$，数据如下：0.41，0.976 7，0.129，0.438 7，0.984 9，0.059 21，0.222 8，0.692 71，0.851 43，0.505 9，0.999 8，0.000 57，0.009 07，0.035 93，0.138 5，0.477 5，0.997 9。现在要求预测 $x(19)$的值。

为使问题简单，我们假设重构相空间维数 $M=1$，延迟时间 $\tau=1$，选定预测模型为：

$$f(x)=a+bx+cx^2 \tag{5-9}$$

现在要构造函数 $\underline{f}$：$R^m \to R^m$，使得

$$\sum_{t=1}^{17}[x(t+1)-f(x(t+1))]^2 \tag{5-10}$$

达到最小。

$$\boldsymbol{Y}=\begin{bmatrix} x(2) \\ x(3) \\ \vdots \\ x(18) \end{bmatrix} \quad \boldsymbol{X}=\begin{bmatrix} 1 & x(1) & x^2(1) \\ 1 & x(2) & x^2(2) \\ \vdots & \vdots & \vdots \\ 1 & x(17) & x^2(17) \end{bmatrix} \quad \boldsymbol{\beta}=\begin{bmatrix} a \\ b \\ \vdots \\ c \end{bmatrix} \tag{5-11}$$

利用最小二乘法可得：

$$\boldsymbol{\beta}=(\boldsymbol{X}^{\mathrm{T}}\boldsymbol{X})^{-1}\boldsymbol{X}^{\mathrm{T}}\boldsymbol{Y} \tag{5-12}$$

通过计算可求得 $a=0$，$b=4$，$c=-4$，从而此时时间序列的预测模型可表示为：

$$x(t+1)=4x(t)-4x^2(t) \tag{5-13}$$

由此预测

$$x(19)=4x(18)-4x^2(18)=0.008\ 4$$

上述方法称为全局法，是因为它考虑了问题的全部，在求映射的过程中，使用了相空间中的全部点，当煤巷工作面瓦斯涌出量时间序列包含很多的数据时，尤其是当嵌入维数很高或 f 具有复杂形式的时候就难办了，进行全局预测不是一件容易的事情。实际应用中常常脱化为典型的线性回归分析方法[125]。

5.2.2 局域法

与全局法不同，局域法只考虑相空间中最后一个数据点及其若干个邻近点，只对这些参考点作拟合，再估计轨迹下一个点的走向，最后从预测出的轨迹点向量中分离所需要的预测值。和全局法相比，局域法在大多数情况下适用。

对于参考点的拟合可以采用零阶近似拟合，然而该方法的拟合结果有较大的局限性，因此更经常使用的是一阶近似拟合，采用这种方法拟合并进行预测的方法称为一阶局域法。

就是用 $X(t+1)=a+bX(t)$ 来拟合第 n 个数据点的邻域集合。设第 n 个点的邻域包括点 $t_1,t_2,\cdots,t_p$，则上式可以表示为：

$$\begin{bmatrix} X(t_1+1) \\ X(t_2+1) \\ \vdots \\ X(t_p+1) \end{bmatrix} = a + b\begin{bmatrix} X(t_1) \\ X(t_2) \\ \vdots \\ X(t_p) \end{bmatrix} \tag{5-14}$$

可以通过最小二乘法求出 a 和 b，再通过 $X(n+1)=a+bX(n)$ 得到相空间中的轨迹趋势，进而从 $X(n+1)$ 中分离时间序列的预测值。

5.2.2.1 利用一阶局域法进行预测

仍考虑 5.2.1 中的例子，对于重构相空间中的第 17 个点 $(x(17),x(18))$，如果知道了第 17 个点下一步的点 $(x(18),x(19))$，则可以得到 $x(19)$ 的一个预测。在第 17 个点邻域内可以找到第 1、4、10 个点，其中第 10 个点最近，下一步这些点分别为第

2、5、11 个点，考虑第 17 个点邻域内所有点及其迭代情况，设：

$$
\begin{aligned}
X(2) &= a+bX(1) \\
X(5) &= a+bX(4) \\
X(11) &= a+bX(10)
\end{aligned}
\tag{5-15}
$$

其中 $X(1)=[x(1),x(2)]^{\mathrm{T}}$，$X(2)=[x(2),x(3)]^{\mathrm{T}}$，以此类推，写成矩阵形式：

$$
\begin{bmatrix} X(2) \\ X(5) \\ X(11) \end{bmatrix} = \begin{bmatrix} 1 & X(1) \\ 1 & X(4) \\ 1 & X(10) \end{bmatrix} \begin{bmatrix} a \\ b \end{bmatrix} \tag{5-16}
$$

利用最小二乘法求出 a 和 b，便可以得到预测表达式。

该预测方法在实际操作过程中遇到的问题是如何确定参考点的个数，太多的参考点除增加计算工作量外是不必要的，甚至会影响预测的效果，根据经验一般选择参考点的个数 $k>m+1$，m 是嵌入维数。

一阶近似的缺点在于它是线性的，过于简单，没有考虑其中的非线性部分。在实际使用中，可以根据时间序列的特点选择不同的拟合方法，以提高预测精度。

5.2.2.2　加权零阶局域法

针对一阶局域法只对参考点及其周围的邻近点进行线性拟合的不足，加权零阶局域法[126]改进了参考点周围邻点的选择方法，以提高预测精度。该预测算法引入中心点的空间距离作为一个拟合参数，一方面可以提高预测精度，一方面可以起到降低噪声的作用。改进后的相空间轨迹加权零阶局域预测为：

$$
\overline{X} = \frac{\sum_{i=1}^{N} \overline{X}_{ki} \exp[-l(d_i - d_{\min})]}{\sum_{i=1}^{N} \exp[-l(d_i - d_{\min})]} \tag{5-17}
$$

其中，$\overline{X}$ 为预测得到的相空间轨迹点，$\overline{X}_{ki}$ 为中心点 $\overline{X}_k$ 的邻

域中心各点，N 为邻域中心点的个数，d_i 和 $d_{\min}$ 分别为邻域中各点到中心点的空间距离和最小距离。显然，邻域中的点到中心点的空间距离越小，则在预测中所占比例（权重）越大，l 为参数，一般情况下 $l \geqslant 1$。

具体算法如下：

(1) 预处理。将时间序列进行处理，得到 $x(t), t=1,2,\cdots,N$。

(2) 重构相空间。根据前面介绍相空间的时间延迟及饱和嵌入维数计算方法，得到 τ 和 m，进而给出重构相空间：
$X(t)=(x(t),x(t+\tau),\cdots,x(t+(m-1)\tau))\in R^m, t=1,2,\cdots,M$，其中，$M$ 为重构相空间中点的个数。

(3) 寻找邻近点。在相空间中计算各点到中心点 $X(M)$ 之间的欧氏距离，找出 $X(M)$ 的参考向量集合 $\overline{X}(M+1)=\{X_{M1},X_{M2},\cdots,X_{Mq}\}$。

(4) 计算出 $\overline{X}(M+1)$。根据式(5-17)可以得到。

$$\overline{X}=\frac{\sum_{i=1}^{q} X_{ki}\exp[-l(d_i-d_{\min})]}{\sum_{i=1}^{q}\exp[-l(d_i-d_{\min})]} \tag{5-18}$$

(5) 得到 $X(M+1)$ 的预测结果，通过式(5-18)得到：

$$\overline{X}(M+1)=(x(M+1),x(M+1+\tau),\cdots,x(M+1+(m-1)\tau)) \tag{5-19}$$

在进行单个点预测的时候，将 τ 代入式(5-19)，便可以得到预测值 $\overline{X}(M+1)$，然后将 $\overline{X}(M+1)$ 的最后一维取出，可得 $x(n+1)$ 的预测值。

5.2.2.3 加权一阶局域法

考虑到一阶局域预测法优于零阶局域法，因此将加权零阶局域预测法改为加权一阶局域预测法[127]。

(1) 加权一阶局域法一步预报模型。

设中心点 X_M 到邻近点 X_{Mi} 的距离为 d_i，且 $d_{\min}$ 是 d_i 中的最小值，定义点 X_{Mi} 的权重为：

$$p_i = \frac{\exp[-(d_i - d_{\min})]}{\sum_{i=1}^{q}\exp[-(d_i - d_{\min})]} \tag{5-20}$$

则加权一阶局域线性拟合为：

$$X_{Mi+1} = ae + bX_{Mi}\,(t=1,2,\cdots,q) \tag{5-21}$$
$$e=(1,1,\cdots,1)$$

式中 a、b 为实系数；e 为 q 维向量；X_{Mi+1} 是 X_{Mi} 演化一步后的相点。当嵌入维数 $m=1$ 时，应满足：

$$\sum_{i=1}^{q} p_i(x_{Mi+1} - a - bx_{Mi})^2 = \min \tag{5-22}$$

求出 a、b，代入式(5-21)得演化一步后相点预测值：

$$X_{M+1} = (x_{M+1}, x_{M+1+\tau}, \cdots, x_{M+1+(m-1)\tau}) \tag{5-23}$$

加权一阶局域法的具体算法步骤为：

步骤 1：重构相空间。根据前面介绍的相空间的延迟时间及饱和嵌入维数计算方法得到 τ 和 m，得到重构的相空间为：

$$X_i = (x_i, x_{i+\tau}, \cdots, x_{i+(m-1)\tau}) \tag{5-24}$$

式中，$i=1,2,\cdots,M$，$M=N-(m-1)\tau$。

步骤 2：寻找邻近点。在相空间中计算各点到中心点 X_M 之间的空间距离，找出 X_M 的参考向量集 X_{Mi}。

步骤 3：求出 a、b，根据预测公式计算一步预测 X_{Mi+1}。

(2) 加权一阶局域法多步预报模型。

加权一阶局域法预报的实质，是在要重构的相空间中，找到与参考点最相似的$(m+1)$个相点，根据相点演化一步的规律进行预报。当嵌入维数 $m>1$，需进行 $k(k>1)$步预报时，也可根据这些相点演化 k 步的规律进行 k 步预报。

设中心 X_M 演化 k 步后的相点集为 $\{X_{Mi+k}\}$，其一阶局域线性拟合为：

$$X_{Mi+k}=a_k e+b_k X_{Mi}\quad (t=1,2,\cdots,q) \tag{5-25}$$

根据加权最小二乘法有：

$$\sum_{i=1}^{q} p_i\Big[\sum_{j=1}^{m}(x_{Mi+k}^{j}-a_k-b_k x_{Mi}^{j})^2\Big]=\min \tag{5-26}$$

上述两边求偏导，最终求得：

$$\begin{bmatrix} a_k \\ b_k \end{bmatrix}=\begin{bmatrix} \sum_{i=1}^{q} p_i \sum_{j=1}^{m} x_{Mi}^{j} & \sum_{i=1}^{q} p_i X_{Mi} X_{Mi}^{\mathrm{T}} \\ m & \sum_{i=1}^{q} p_i \sum_{j=1}^{m} x_{Mi}^{j} \end{bmatrix}\cdot\begin{bmatrix} \sum_{i=1}^{q} p_i X_{Mi+k} X_{Mi}^{\mathrm{T}} \\ \sum_{i=1}^{q} p_i \sum_{j=1}^{m} x_{Mi+k}^{j} \end{bmatrix} \tag{5-27}$$

将 a_k、b_k 代入 k 步预测式(5-25)，即得演化 k 步后相点预测值：

$$X_{M+k}=(x_{M+k},x_{M+k+\tau},\cdots,x_{M+k+(m-1)\tau}) \tag{5-28}$$

但是，这里的一阶局域法多步预报在实际应用中是不行的。原因是中心 X_M 演化 k 步后的相点集为 $\{X_{Mi+k}\}$ 可能已经超过所给数据的长度，即数据已经溢出。其原因是，求与预测中心点最邻近的点，有两种情况：一是与预测中心点最近的点处在通过相空间重构之后数据序列的中间，这时中心 X_M 演化 k 步后的相点集为 $\{X_{Mi+k}\}$ 是存在的，此时上述多步预测是存在的。二是与预测中心点最近的点处在通过相空间重构之后数据序列的预测中心点 X_M 的上一个点是 X_{M-1}，此时中心 X_M 演化 k 步后的相点集为 $\{X_{M+k-1}\}$，当 $k\geqslant 2$ 时，相点集 $\{X_{M+k-1}\}$ 已经超出所给数据序列的长度 $\{X_M\}$，即数据已经溢出。这时就不能进行多步预测。因此上述的加权一阶局域法多步预测不具有普遍适应性。

5.2.3 改进加权一阶局域预测法

从上述算法可以看出，预测精度的高低在很大程度上取决于欧氏距离公式所确定的最邻近相点的形态，如果最邻近相点与中心点相关程度大，则预测精度较高，反之则较低。由于局域法会产生伪邻近点，因此它们不适于用作局域预测。

图 5-1 为多维状态空间的投影。设中心点为 X_M，假设要预测是 X_{M+1}，与中心点 X_M 相邻近的点有 X_{M1}、X_{M2}、X_{M3}，且 $|X_M-X_{M3}|<|X_M-X_{M1}|$ 和 $|X_M-X_{M3}|<|X_M-X_{M2}|$。虽然 X_{M3} 是相空间中心点 X_M 最近的点，但 X_{M3} 上一时刻 X_{M3-1} 及下一时刻 X_{M3+1} 的轨迹却偏离了 X_M 上一时刻 X_{M-1} 及下一时刻 X_{M+1} 的轨迹。很显然，如果用 X_{M3} 进行局域预测将大大降低预测精度，像 X_{M3} 这样的点就被称为伪邻近点。

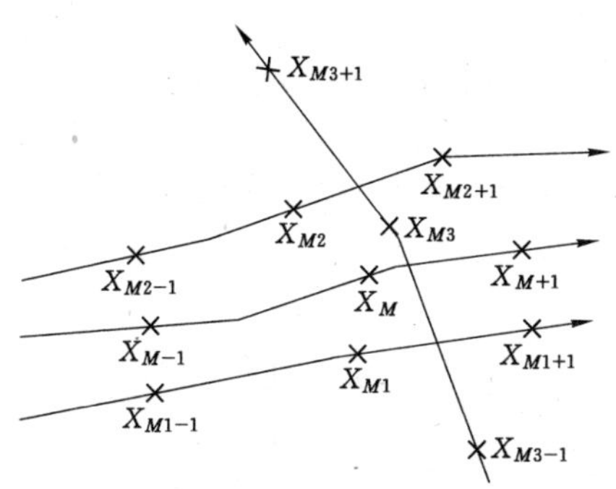

图 5-1　多维状态空间的投影

能够防止伪邻近点的办法是它不仅考虑与中心点 X_M 在当前时刻状态空间内是否邻近，而且要考虑在相应的前一时刻状态空间内是否邻近。设中心点 X_M 到邻近点 X_{Mi} 的距离为 d_{Mi}，中心点前一时刻 X_{M-1} 到邻近点 X_{Mi-1} 的距离为 d_{Mi-1}，d_{Mi} 与 d_{Mi-1} 之和为 d_i，且 $d_{\min}$ 是 d_i 中的最小值。定义点 X_M 的权值为：

$$w_i = \frac{\exp[-(d_i - d_{\min})]}{\sum_{i=1}^{q} \exp[-(d_i - d_{\min})]}$$

即：

$$w_i = \frac{\exp\{-[(\| X_{Mi} - X_M \| + \lambda \| X_{Mi-1} - X_{M-1} \|) - \min(\| X_{Mi} - X_M \| + \lambda \| X_{Mi-1} - X_{M-1} \|)]\}}{\sum_{i=1}^{q} \exp\{-[(\| X_{Mi} - X_M \| + \lambda \| X_{Mi-1} - X_{M-1} \|) - \min(\| X_{Mi} - X_M \| + \lambda \| X_{Mi-1} - X_{m-1} \|)]\}} \tag{5-29}$$

其中，λ 为系数，$0 \leqslant \lambda \leqslant 1$，当 $\lambda = 0$ 时，即为传统的加权一阶局域法。

改进加权一阶局域法预报计算方法如下：

重构相空间。根据前面研究的相空间的时间延迟及饱和嵌入维数计算方法求得 τ 和 m，得到重构的相空间为：

$$X_i = (x_i, x_{i+\tau}, \cdots, x_{i+(m-1)\tau})$$

式中，$i = 1, 2, \cdots, M, M = N - (m-1)\tau$。

如果饱和嵌入维数满足 $m > 2D + 1$（D 为吸引子维数），则在 R^m 空间中重构系统与原动力系统保持微分同胚，对于确定性映射 $f^m: R^m \to R^m$，有

$$X_{i+1} = f^m(X_i) \tag{5-30}$$

其等效形式为

$$x_{i+1}^m = \overline{f}^{(m)}(x_i^1, x_i^2, \cdots, x_i^m)$$

式中 $\overline{f}^{(m)}$ 所表达的空间称为重构相空间，只要 $\overline{f}^{(m)}$ 确定，就可实现对 x_{i+1}^m（或 X_{i+1} 的第 m 项）进行预测。

通常混沌吸引子具有总体稳定性、吸引性和内部分形的特征，预测点与最邻近相点遵循相似的运动规律，根据确定的最邻近相点（通常采用欧式距离法），建立 k 个最邻近同向演化点与其后续时间序列演化的函数关系，来近似替代预测点与其后续时间序列

的函数关系以对未来状态进行预测。如对映射采用一阶线性逼近形式有：

$$x_{i+1}^{m} = a + \sum_{p=1}^{m} b_p x_i^p = a + b_1 x_i^1 + b_2 x_i^2 + \cdots + b_m x_i^m \tag{5-31}$$

式中，$x_i^1, x_i^2, \cdots, x_i^m$ 为预测中心点 X_i 的各分量；x_{i+1}^m（或 X_{i+1} 的第 m 项）为预测量；$a, b_1, b_2, \cdots, b_m$ 为需要确定的参数，通常采用欧式距离法确定 k 个最近邻域点进行最小二乘法得到。

在确定的邻域内由于各邻近点与预测点的空间距离不同，对预测点的影响也不同，为反映其不同影响程度采用改进邻近点的权重如式(5-29)。因此，上式中拟合参数 $a, b_1, b_2, \cdots, b_m$ 通过加权最小二乘法有：

$$\sum_{j=1}^{k} w_j (x_{j+1}^m - a - \sum_{p=1}^{m} b_p x_j^p)^2 = \min \tag{5-32}$$

把上式由加权最小二乘法展开得：

$$\begin{aligned}
&\sum_{j=1}^{k} w_j \left(x_{j+1}^m - a - \sum_{p=1}^{m} b_p x_j^p\right) = 0 \\
&\sum_{j=1}^{k} w_j \left(x_{j+1}^m - a - \sum_{p=1}^{m} b_p x_j^p\right) x_j^1 = 0 \\
&\sum_{j=1}^{k} w_j \left(x_{j+1}^m - a - \sum_{p=1}^{m} b_p x_j^p\right) x_j^2 = 0 \\
&\qquad \vdots \\
&\sum_{j=1}^{k} w_j \left(x_{j+1}^m - a - \sum_{p=1}^{m} b_p x_j^p\right) x_j^m = 0
\end{aligned} \tag{5-33}$$

式中，k 为预测中心 X_i 的最邻近点个数；x_j^p 为最邻近点 X_j 的第 p 个分量；x_{j+1}^m 为最邻近点 X_j 演化一步点 X_{j+1} 的第 m 个分量，上式中除 $a, b_1, b_2, \cdots, b_m$ 外其余全为已知量。将上式写成矩阵形式：

$$\begin{bmatrix} \sum_{j=1}^{k} w_j x_{j+1}^m \\ \sum_{j=1}^{k} w_j x_{j+1}^m x_j^1 \\ \vdots \\ \sum_{j=1}^{k} w_j x_{j+1}^m x_j^m \end{bmatrix} = \begin{bmatrix} 1 & \sum_{j=1}^{k} w_j x_j^1 & \cdots & \sum_{j=1}^{k} w_j x_j^m \\ \sum_{j=1}^{k} w_j x_j^1 & \sum_{j=1}^{k} w_j (x_j^1)^2 & \cdots & \sum_{j=1}^{k} w_j x_j^m x_j^1 \\ \vdots & \vdots & \vdots & \vdots \\ \sum_{j=1}^{k} w_j x_j^m & \sum_{j=1}^{k} w_j x_j^1 x_j^m & \cdots & \sum_{j=1}^{k} w_j (x_j^m)^2 \end{bmatrix} \begin{bmatrix} a \\ b_1 \\ \vdots \\ b_m \end{bmatrix} \tag{5-34}$$

其简化为 $\boldsymbol{C}=\boldsymbol{AB}$,其中

$$\boldsymbol{C} = \begin{bmatrix} \sum_{j=1}^{k} w_j x_{j+1}^m \\ \sum_{j=1}^{k} w_j x_{j+1}^m x_j^1 \\ \vdots \\ \sum_{j=1}^{k} w_j x_{j+1}^m x_j^m \end{bmatrix}$$

$$\boldsymbol{A} = \begin{bmatrix} 1 & \sum_{j=1}^{k} w_j x_j^1 & \cdots & \sum_{j=1}^{k} w_j x_j^m \\ \sum_{j=1}^{k} w_j x_j^1 & \sum_{j=1}^{k} w_j (x_j^1)^2 & \cdots & \sum_{j=1}^{k} w_j x_j^m x_j^1 \\ \vdots & \vdots & \vdots & \vdots \\ \sum_{j=1}^{k} w_j x_j^m & \sum_{j=1}^{k} w_j x_j^1 x_j^m & \cdots & \sum_{j=1}^{k} w_j (x_j^m)^2 \end{bmatrix} \quad \boldsymbol{B} = \begin{bmatrix} a \\ b_1 \\ \vdots \\ b_m \end{bmatrix}$$

则预测参数向量 $\boldsymbol{B}'=(\boldsymbol{A}^{\mathrm{T}}\boldsymbol{A})^{-1}\boldsymbol{A}^{\mathrm{T}}\boldsymbol{C}$,将其代入方程(5-31),便可求出预测值 x'^{m}_{i+1}。

$$x'^{m}_{i+1}=a'+b'_1x_i^1+b'_2x_i^2+\cdots+b'_mx_i^m \tag{5-35}$$

为提高预测精度，其预测过程仅作一步预测，即当测试完一个点的瓦斯浓度后输入新的实测值，然后寻找下一预测中心点的最邻近点数。若进行多步预测，则当测试完一个点的瓦斯浓度后，将所预测到的值加入到原数据中，寻找下一预测中心点的最邻近点数，然后预测下一个值，最后将全部预测值与实测值进行比较分析。

5.2.4　恩洪煤矿掘进工作面瓦斯涌出量的改进与传统一阶局域法预测对比

根据第 3 章恩洪煤矿瓦斯监控系统测得的瓦斯浓度数据系列，采用 MATLAB7.0 软件，自编相关程序和关联维数程序，计算它们的延迟时间和关联维数，然后应用自编的传统加权一阶局域法程序和改进的加权一阶局域法程序，预测恩洪煤矿的瓦斯浓度及相对误差。预测结果如图 5-2、图 5-3 所示。

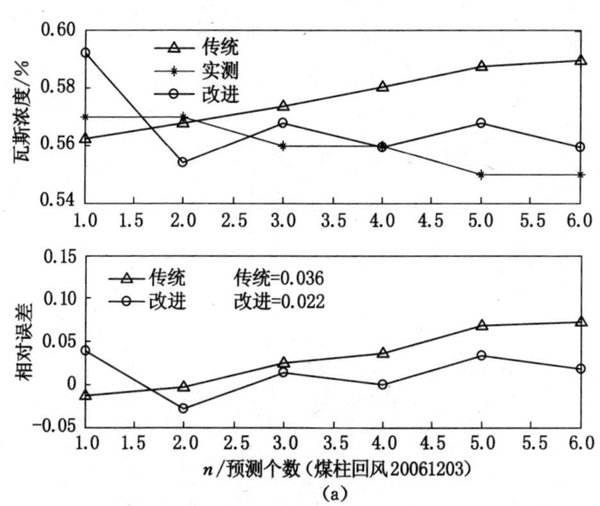

图 5-2　无突出时改进的加权一阶局域预测法和传统加权一阶局域预测法对比曲线

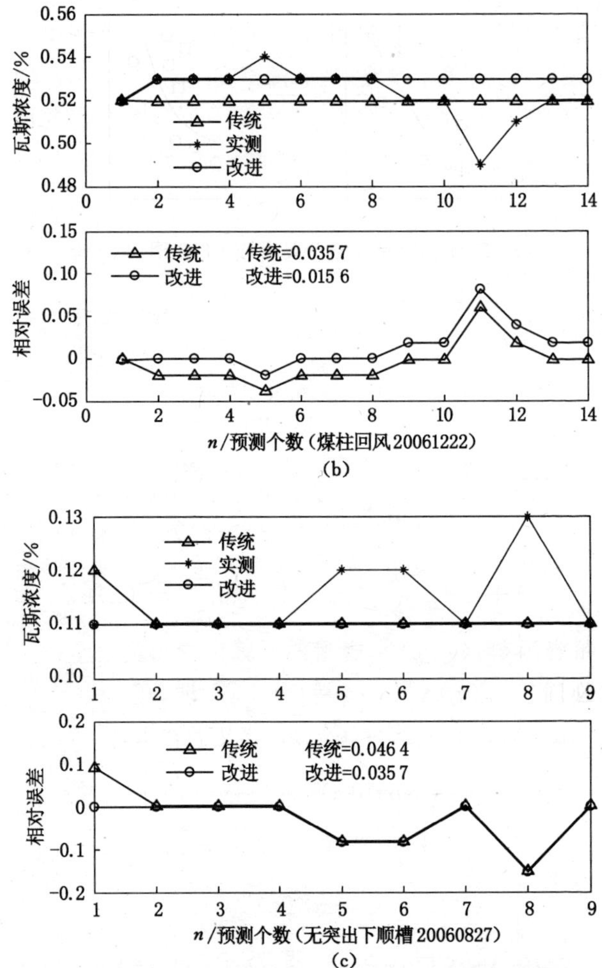

续图 5-2 无突出时改进的加权一阶局域预测法和传统加权一阶局域预测法对比曲线

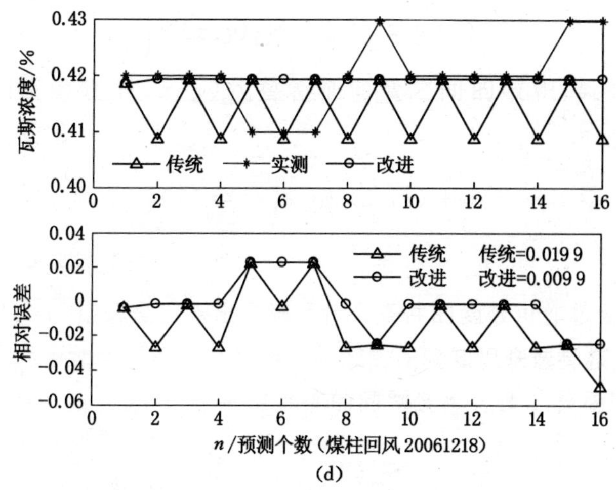

(d)

续图 5-2 无突出时改进的加权一阶局域预测法和传统加权一阶局域预测法对比曲线

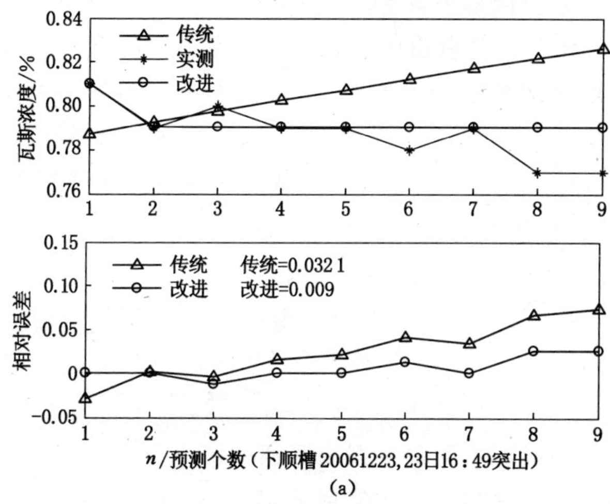

(a)

图 5-3 36 h 内突出时,改进的加权一阶局域预测法和传统加权一阶局域预测法对比曲线

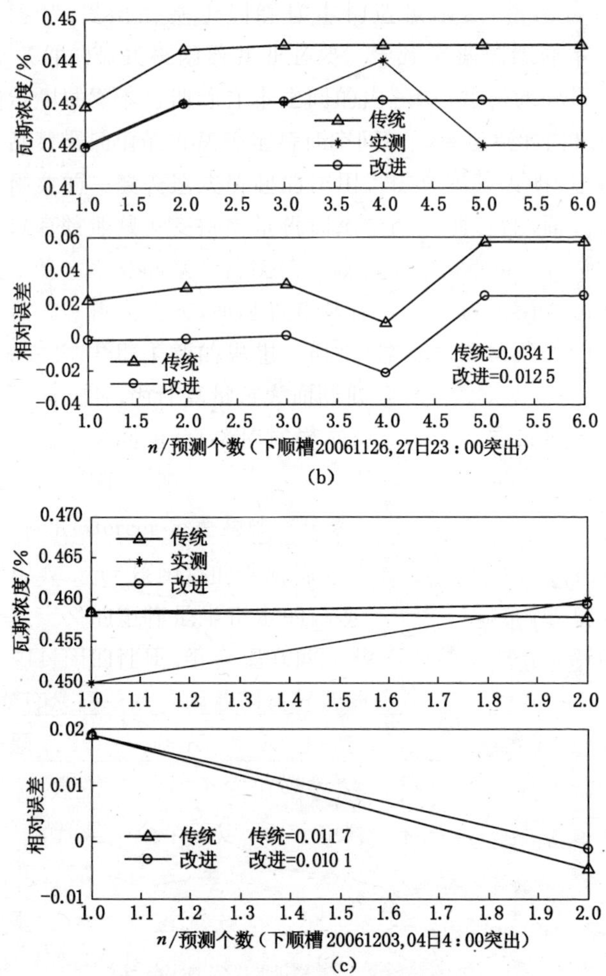

续图 5-3　36 h 内突出时，改进的加权一阶局域预测法和传统加权一阶局域预测法对比曲线

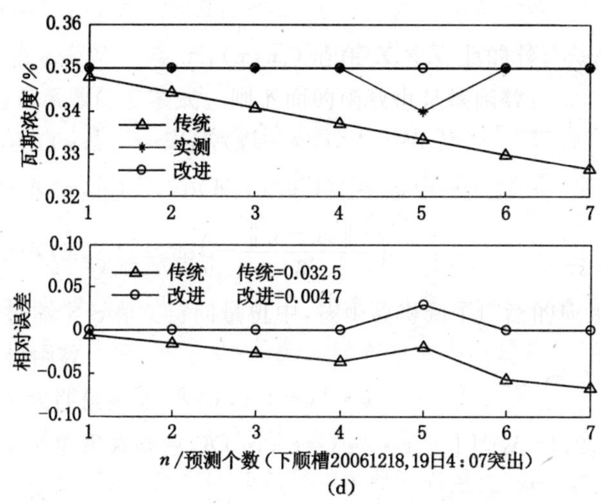

续图 5-3 36 h 内突出时，改进的加权一阶局域预测法和传统加权一阶局域预测法对比曲线

本书在已有的研究成果基础上提出了一种改进的加权一阶局域预测法，该方法既考虑了相空间的欧氏距离最小，而且结合了相空间演化方向的一致性作为一阶加权因子作用线性回归方程，克服了欧氏距离不能反映最邻近点与预测中心点相互间的关联程度差的缺点。

从图 5-2、5-3 可看出，采用本书改进加权一阶局域预测法的最大预测误差较传统的加权一阶局域预测法均更低，经计算得到平均相对预测误差也更小，随机以图 5-3(d)为例平均相对预测误差为 0.004 7 和 0.032 5。其原因是：传统加权一阶局域预测误差为仅考虑欧氏距离的加权一阶局域预测结果；而采用本书改进加权一阶局域预测法不仅考虑了与中心点 X_M 在当前时刻状态空间内是否邻近，而且也考虑了在相应的前一时刻状态空间内是否邻近的方法，与单纯考虑欧氏距离的影响相比有更好的预测精度。

预测结果表明本章提出的改进加权一阶局域预测法不仅预测精度高，而且具有较好的实用性和可靠性。

5.3 基于 Lyapunov 指数的掘进工作面瓦斯涌出量序列的混沌预测

由混沌动力学理论可知，Lyapunov 指数刻画了相空间中相体积收缩和膨胀的几何特性。同时，Lyapunov 指数作为量化对初始轨道的指数发散和估计系统的混沌量，是系统的一个很好的预测参数[128,129]。Wolf 等根据在混沌时间序列重构相空间中，邻近轨道之间的距离随时间演化呈指数形式分离的研究成果，提出根据最大 Lyapunov 指数进行预测的混沌时间序列预测方法。

混沌的一个重要性质是系统对初值的极其敏感性。这表示混沌时间序列不能进行长期预报，而只能进行短期预报。因此，知道系统的可预报时间尺度具有重要意义。

混沌系统的最大可预报时间尺度 T_1，由最大的 Lyapunov 特征指数的倒数来定义：

$$T_1 = 1/Ly_1 \tag{5-36}$$

5.3.1 问题的提出

设单变量混沌时序 $\{x(t), t=1,2,\cdots,N\}$ 的重构相空间为：$X(t)=(x(t), x(t+\tau), \cdots, x(t+(m-1)\tau)) \in R^m$，$t=1,2,\cdots,M$，$M$ 为重构相空间中点的个数，且 $M=N-(m-1)\tau$，其嵌入维数为 m，时间延迟为 τ，吸引子最大 Lyapunov 指数为 Ly_1。文献[128]在假设预报区间内，在给定时序的结构及 LE_1 不发生改变的情况下，给出了 1 维混沌时序的预报模式：

$$\| X_{M+k} - X_{p+k} \| = e^{Ly_1} \| X_M - X_p \| \tag{5-37}$$

式中，X_M 为预报起始点；X_p 为 X_M 的最邻近点。经过 k 个时间步

长后，X_M 和 X_p 分别演化为 X_{M+k} 和 X_{p+k}。$\| \cdot \|$ 为模符号，代表相空间中 2 点之间的欧式距离，由于 2-范数欧式距离的预测精度较高，采用 2-范数欧式距离定义的预测值 x_{N+1} 为：

$$x_{N+1}=X_{p+1}\pm\sqrt{M_1-M_2} \tag{5-38}$$

式中，$M_1=(\| X_M-X_p \| e^{LE_1})$，$M_2=\sum_{t=1}^{m-1}(X_{M+1,t}-X_{p+1,t})^2$

即：$x_{N+1}(m)=x_{p+1}(m)\pm$

$$\sqrt{(\| X_M-X_p \| e^{Ly_1})^2-\sum_{t=1}^{m-1}(x_{M+1}(t)-x_{p+1}(t))^2}$$

研究表明，Ly_1 预报模式预测值的正负取舍对瓦斯浓度预报的整体精度有较大影响。

5.3.2　Lyapunov 指数模式预测值的判定

初值敏感性是混沌吸引子的基本特征之一，伸长和折叠是造成初值敏感性的主要机制。最大 Lyapunov 指数大于零意味着混沌吸引子的伸长机制，表明相空间中的相邻轨道最终要分离，并使得混沌轨迹局部不稳定。但是因为混沌吸引子具有整体稳定性，相空间中的轨道通过反复折叠到自身以保持吸引子在相空间整体有界。自相似性是混沌吸引子的另一个主要特征，它不是指系统局部放大一定倍数后简单地与整体完全重合，而是指系统的局域性质或结构与整体类似。根据这一特征，对待预测点在相空间中寻找 2 条最邻近轨道，利用 2 条轨道的演化关系推断出预测轨道的走势。Lyapunov 预报模式中预报点 x_{N+k} 对应于相空间中 X_{M+k} 的最后一个分量（即第 m 维分量），由于混沌吸引子在低维（如 2 维）相空间中的投影继承了混沌吸引子的特点，且由于维数低而便于分析，因此，对瓦斯浓度吸引子在以第 m 维分量为纵坐标，其他任一维分量为横坐标的 2 维相空间中的邻近轨道演化特点时进行研究。

相空间中混沌吸引子的 3 种主要拓扑结构如图 5-4 所示。假设待预测点 X_M 所在轨道为 H_M，X_{p1} 和 X_{p2} 为 X_M 的 2 个最邻近点并限制其短暂分离，即 X_{p1} 和 X_{p2} 分别属于 2 条不同轨道 H_{p1} 和 H_{p2}。

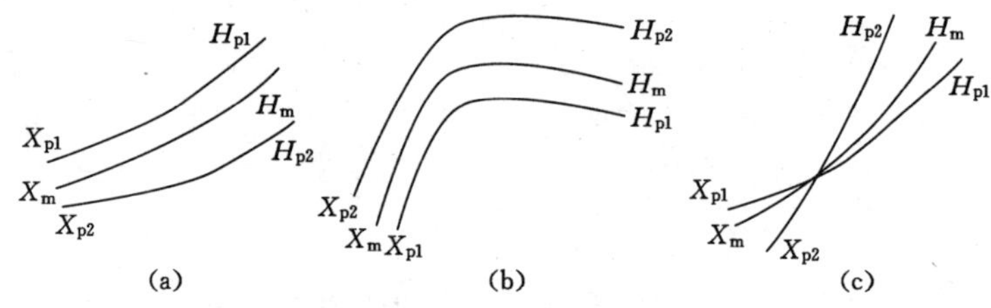

图 5-4 相空间中的轨道关系

在混沌吸引子以第 m 维分量为纵坐标，其任一维分量作为横坐标的二维相空间中，预报起始点与其邻近点所在轨道的演化趋势是相似的。

假设 $x_{M+k+(m-1)\tau}$、$x_{p1+k+(m-1)\tau}$ 和 $x_{p2+k+(m-1)\tau}$ 分别为 X_{M+k}、X_{p1+k} 和 X_{p2+k} 在预测步长为 k 时的第 m 维分量，此时短期瓦斯浓度预测 Lyapunov 指数预测法中预测值的判定准则为：

(1) 当负荷吸引子邻近点轨道平行[图 5-4(a)]时，点 X_M、X_{p1} 和 X_{p2} 的纵坐标与点 X_{M+k}、X_{p1+k} 和 X_{p2+k} 的纵坐标关系不变化。

(2) 当吸引子邻近轨道发生扭转[图 5-4(b)]或交叉[图 5-4(c)]时，三条轨道对应点 X_M、X_{p1} 和 X_{p2} 的纵坐标关系与点 X_{M+k}、X_{p1+k} 和 X_{p2+k} 的纵坐标关系在发生扭转或交叉的前后正好相反。

本书提出的方法依据相空间中待预测时间的邻近轨道走势来判定预测值，且选择出的预测值参与对该点以后时刻预测值的选择，因此，避免了误差的传递，使得对预测的选择更具有客观性。另外，根据 Lyapunov 指数预测法的原理，当预测步长为 k 时，2 个预测值中必定有 1 个大于 X_{p1+1} 的纵坐标为 $x_{p1+1+(m-1)\tau}$，1 个小于该坐标，因此，由以上 2 条规则确定的预测值是唯一的。

Lyapunov 预报模式预测值的判定算法如下：

(1) 重构相空间。根据 G-K 算法和 Takes 定理求得系统的嵌入维 m 和时间延迟 τ，得到重构相空间，$X(t)=(x(t),x(t+\tau),\cdots,x(t+(m-1)\tau))\in R^m$，$t=1,2,\cdots,M$，$M$ 为重构相空间中点的个数，且 $M=N-(m-1)\tau$，N 为相点总数。

(2) 计算最大 Lyapunov 指数 Ly_1。

(3) 寻找邻近点。在相空间中与中心点 X_M 最邻近的 2 个点 X_{p1} 和 X_{p2}，X_{p1} 与 X_M 最邻近。

(4) 由式(5-31)和式(5-32)计算 x_{N+k}，此时还要根据约定规则对根进行取舍。

(5) 若 X_{p1} 和 X_{p2} 的第 m 维坐标的顺序关系与 X_{p1+1} 和 X_{p2+1} 的第 m 维坐标的顺序关系一致，则 X_{M+1} 和 X_{p1+1} 与 X_M 和 X_{p1} 的第 m 维坐标的顺序关系一致，从而对 x_{N+1} 的根进行取舍。

(6) 若 X_{p1} 和 X_{p2} 的第 m 维坐标的顺序关系与 X_{p1+1} 和 X_{p2+1} 的第 m 维坐标的顺序关系相反，则 X_{M+1} 和 X_{p1+1} 与 X_M 和 X_{p1} 的第 m 维坐标的顺序关系相反，从而对 x_{N+1} 的根进行取舍。

5.4 应用实例

根据第 3 章的恩洪煤矿瓦斯监控系统测得的瓦斯浓度数据序列，采用 MATLAB7.0 软件自编的去偏复自相关程序和关联维数程序，计算它们的延迟时间和关联维数，然后应用自编的 Lyapunov 预测程序，预测恩洪煤矿的瓦斯浓度及相对误差。预测结果如图 5-5、5-6 所示。

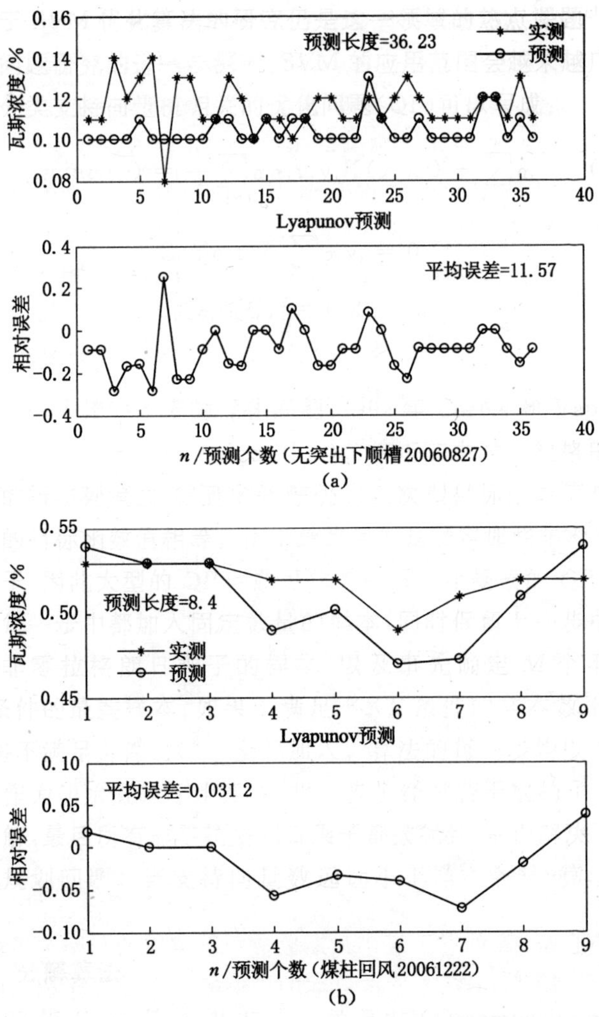

图 5-5　无突出时 Lyapunov 预测与实测对比曲线

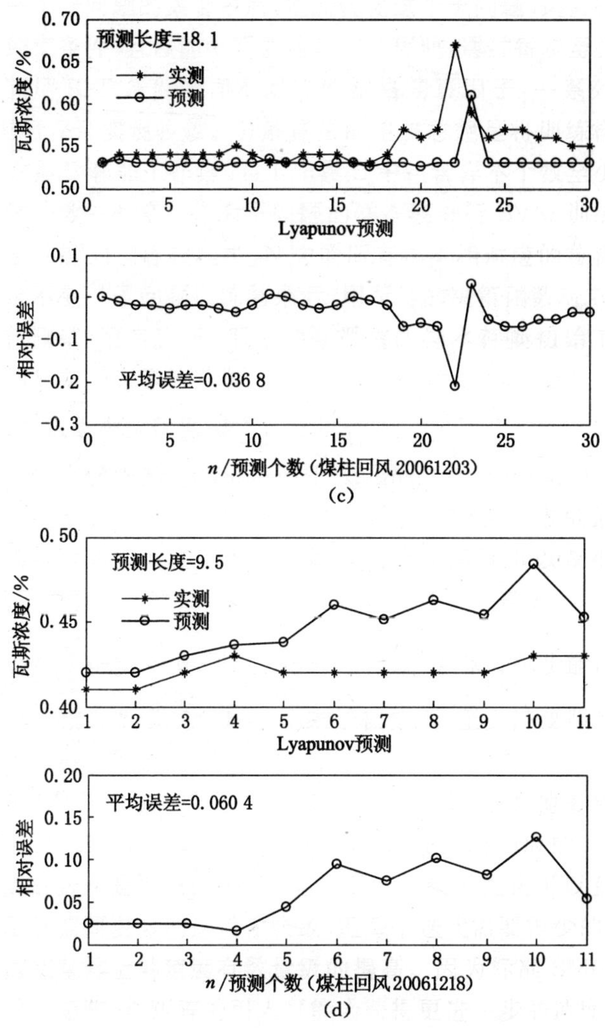

续图 5-5 无突出时 Lyapunov 预测与实测对比曲线

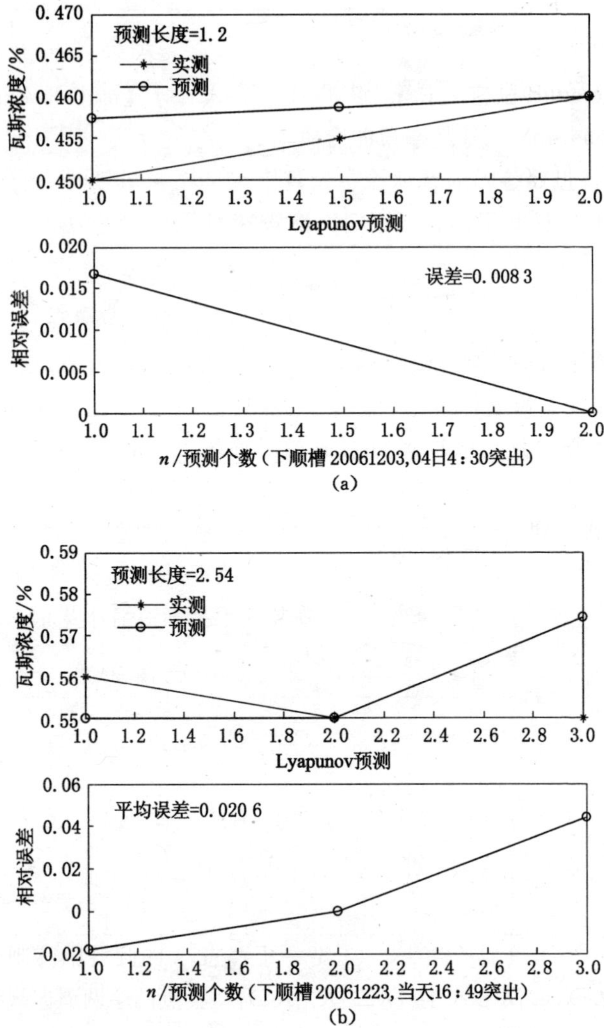

图 5-6　36 h 内发生突出 Lyapunov 预测与实测对比曲线

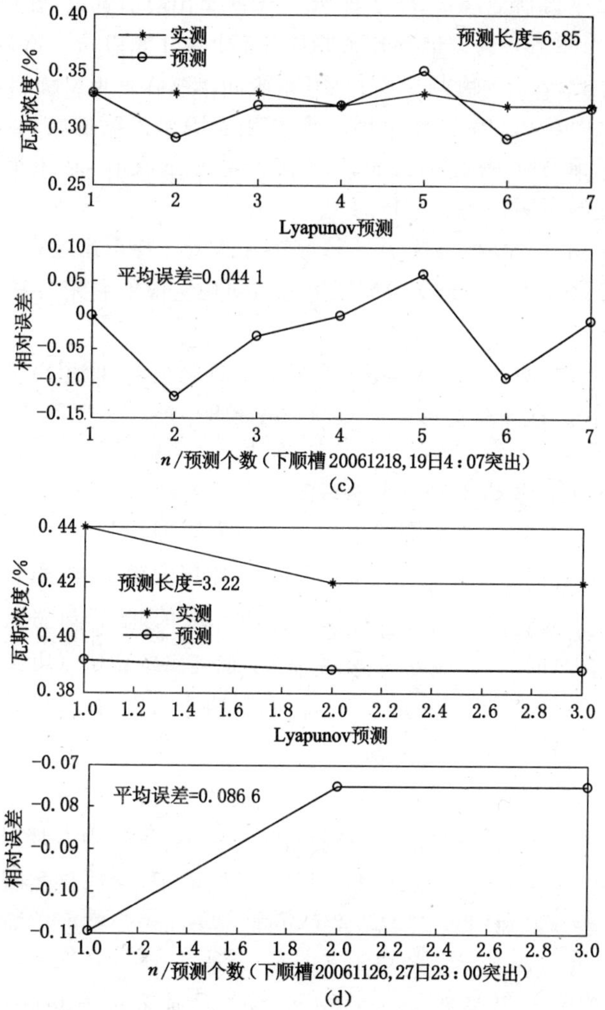

续图 5-6　36 h 内发生突出 Lyapunov 预测与实测对比曲线

从图 5-5、5-6 可以看出，当预测长度较小，即 Lyapunov 指数越大时，数据序列的混沌性越激烈，这时采用 Lyapunov 预测的长度小，预测值与实测值的相对误差也较大；当预测长度较大时，情况正好相反。在预测长度范围内，采用 Lyapunov 预测法进行预测的精度在 0.008 3～0.115 7 范围内，具有较高的精度和可靠性，并且其预测原理简单、明确，计算工作量小、速度快，运用于煤矿瓦斯浓度的预测是完全可行的。

从相空间中混沌吸引子邻近轨道的拓扑特点出发，对短期瓦斯浓度最大 Lyapunov 指数预报模式中预测值的判定方法是合理可行的。

在可预测时间内，模型具有较高的预测精度，而超出可观测时间范围时，预测精度迅速下降，所以，模型不能作长期预测。

5.5 小波分析基本理论

5.5.1 小波分析概况

小波分析(wavelet analysis)是 20 世纪数学研究成果最杰出的代表之一。它作为数学学科的一个分支，汲取了现代分析学中诸如泛函分析、数值分析、傅立叶分析、样条分析、调和分析等众多分支的精华。由于小波分析在理论上的完美性以及在应用上的广泛性，在短短的几年中，受到了科学界、工程界的高度重视，并且在信号处理、图像处理、模式识别、量子场论、天体识别、地震预报、矿产勘测、流体湍流、故障诊断、状态监视、电子对抗、机器视觉、CT 成像、话音识别、彩色复印、数字电视、音乐合成、雷达扫描等十几个学科领域得到广泛的应用[130-131]。

1910 年，数学家 Harr 提出了“小波”规范正交基(orthonormal basis)。1938 年 Littleword-Paley 提出了二进频率分组及按 Fourier 变换的 L-P 理论。随后，Galdern、Morlet、Grossman、

Y. Meyer、I. Daubechies[132]等人对小波理论的形式和发展作出了重大贡献。1990 年崔锦泰等构造了基本样条函数的单正交小波，小波分析在理论研究上相对完整，形成小波分析方法，随后小波得到广泛应用。

5.5.2 小波理论简介

定义 5.1[132] 设 $\Psi(t)$为一平方可积函数，即 $\Psi(t)\in L^2(R)$，其傅立叶变换为 $\Psi(\omega)$，当 $\Psi(\omega)$满足允许条件

$$C_\Psi=\int_R\frac{|\hat{\Psi}(\omega)|^2}{|\omega|}\mathrm{d}x<\infty \tag{5-39}$$

时，称 $\Psi(t)$为一个基本小波或小波母函数。将 $\Psi(t)$伸缩和平移后得：

$$\Psi_{a,\zeta}(t)=\frac{1}{\sqrt{|a|}}\Psi\left(\frac{t-\zeta}{a}\right)\quad a,\zeta\in\mathbf{R},a\neq 0$$

式中，a 为伸缩因子，ζ 为平移因子，称 $\Psi_{a,\tau}(t)$为依赖于 a、ζ 的小波基函数。

对于离散的情况，小波序列为：

$$\Psi_{j,k}(t)=a_0^{-\frac{j}{2}}\Psi(a_0^{-j}t-kb_0)\quad j,k\in\mathbf{Z} \tag{5-40}$$

小波框架与离散小波变换互为逆变换。

定义 5.2[132] 当基本小波 $\Psi(t)$伸缩与平移得到的函数族(5-40)满足：

$$A\|f\|^2\leqslant\sum_j\sum_k|<f,\Psi_{j,k}>|^2\leqslant B\|f\|^2\quad 0<A<B<\infty \tag{5-41}$$

称$\{\Psi_{j,k}(t)\}$，$j,k\in\mathbf{Z}$，构成了一个小波框架，A 和 B 为上、下框架界，并称式(5-40)为小波框架条件，其频域形式为：

$$\alpha\leqslant\sum_{j\in\mathbf{Z}}|\Psi(2^j\omega)|^2\leqslant\beta\quad 0<\alpha<\beta<\infty \tag{5-42}$$

当 $A=B$ 时，称为紧框架。$\Psi_{j,k}(t)$的对偶函数 $\overline{\Psi}_{j,k}(t)=$

$2^{-\frac{j}{2}}\overline{\Psi}(2^{-j}t-k)$也构成了一个框架，其上下界是$\Psi_{j,k}(t)$上下界的倒数：

$$\frac{1}{B}\|f\|^2 \leqslant \sum_j \sum_k |<f,\Psi_{j,k}>|^2 \leqslant \frac{1}{A}\|f\|^2$$

如果离散小波序列$\{\Psi_{j,k}(t)\}$，$j,k \in \mathbf{Z}$构成一个框架，上下界为A和B，根据函数框架重建原理，当$A=B$时（紧框架），由框架概念可知离散小波的逆变换为：

$$f(t)=\sum_{j,k}<f,\Psi_{j,k}>\cdot\overline{\Psi}_{j,k}(t)=\frac{1}{A}\sum_{j,k}WT_f(j,k)\cdot\Psi_{j,k}(t) \tag{5-43}$$

当$A\neq B$，但两者比较接近时，作为一阶逼近，可取：

$$\overline{\Psi}_{j,k}(t)=\frac{2}{A+B}\Psi_{j,k}(t) \tag{5-44}$$

重构公式近似于：

$$f(t)=\frac{2}{A+B}\sum_{j,k\in\mathbf{Z}}<f,\Psi_{j,k}>\cdot\Psi_{j,k}(t) \tag{5-45}$$

逼近误差的范数为$\|R\|\cdot\|f\|\leqslant\frac{A-B}{A+B}\|f\|$。可见，$A$、$B$越接近，误差就越小。

为了使小波变换具有可变的时间和频率分辨率，适应待分析信号的平稳性，需要改变尺度参数和平移参数的大小，使小波变换具有变焦距的作用。考虑尺度和平移得二进小波：

$$\Psi_{j,k}(t)=2^{-\frac{j}{2}}\Psi(2^{-j}t-k)\quad j,k\in\mathbf{Z} \tag{5-46}$$

二进小波介于连续小波和离散小波之间，由于它只是对尺度参量进行离散化，在时间域上的平移量仍保持着连续的变化，所以二进小波变换具有连续小波变换的时移共变性，这个特点也是离散小波所不具有的。

5.5.2.1　多分辨分析与正交小波变换

离散的小波框架，信息量仍是冗余的，从数值计算与数据压缩的角度上，我们希望减小它们的冗余量，直至得到一组正交基。在离散框架的基础上，取 $a_0=2$、$b_0=1$，则得式(5-46)。

多分辨率概念是由 S. Mallat 和 Y. Meyer 于 1986 年提出来的，它可将此前所有的正交小波基的构造统一起来，使小波理论产生突破性的进展。

定义 5.3[132]　称闭子空间序列$\{V_j\}_{j\in \mathbf{Z}}$为一个多分辨分析，若满足：

(1) 一致单调性：对任意 $j\in \mathbf{Z}$，有 $V_j\subset V_{j-1}$。

(2) 逼近性：$\bigcap\limits_{j\in \mathbf{Z}} V_j=\{0\}$，$\bigcup\limits_{j=-\infty}^{\infty} V_j=L^2(R)$。

(3) 伸缩性：$f(t)\in V_j\Leftrightarrow f(2t)\in V_{j-1}$，伸缩性体现了尺度的变换、逼近正交小波函数的变化和空间的变化具有一致性。

(4) 平移不变性：对任意 $k\in \mathbf{Z}$，有 $\Phi_j(2^{-\frac{j}{2}}t)\in V_j\Rightarrow \Phi_j(2^{-\frac{j}{2}}t-k)\in V_j$。

(5) 正交基的存在性：存在 $\Phi\in V_0$，使$\{\Phi_j(2^{-\frac{j}{2}}t-k)\}$，$k\in \mathbf{Z}$，是 V_0 的正交基；也可放宽为 Riesz 基，称 $\Phi(t)$为多分辨分析的尺度函数。

5.5.2.2　正交小波变换的快速算法(Mallat 算法)

Mallat 塔式分解算法递推公式为：

$$C_{j,k}=\sum_m h(m-2k)C_{j-1,m} \quad d_{j,m}=\sum_m g(m-2k)C_{j-1,m} \tag{5-47}$$

用矩阵表示为：$C_j=HC_{j-1}$，　$D_j=GC_{j-1}$

小波变换系统的重建公式为：

$$C_{j-1,k}=\sum_m h(m-2k)C_{j-1,m}+\sum_m g(m-2k)d_{j,m} \tag{5-48}$$

用矩阵表示为：$C_{j-1}=HC_j+GD_j$。

其中 C_j、D_j 分别是$\{C_{j,k},j,k\in \mathbf{Z}\}$、$\{d_{j,k},j,k\in \mathbf{Z}\}$组成的列向

量。H、G 称为尺度滤波器和小波滤波器的时域算子矩阵描述，且有：$H_{m,n}=h_{n-2m}$，$G_{m,n}=g_{n-2m}$。

以上形成了 Mallat 分解重构算法，其本质是不需要知道尺度函数 $\Phi(t)$ 和小波函数 $\Psi(t)$ 的具体结构，仅由系数实现函数的分解和重构的快速算法，常常称其为快速小波变换。它可与快速 fourier 变换媲美，以上形成了数据分解和重构的算法，该算法具有许多应用。

5.6 基于小波与混沌集成的煤巷掘进工作面瓦斯涌出量预测

煤巷掘进工作面瓦斯涌出量涉及煤体结构、地应力和瓦斯等诸多因素的相互作用产生的结果。由于其具有较强的非线性，如何在多尺度探索瓦斯涌出量的特征，以建立更加精确的预测模型，仍然是需要进一步研究的课题。由于小波变换是一种信号的时间-频率分析方法，它具有多分辨率分析的特点，并且在时-频两域都有表征信号局部特征的能力，是一种窗口大小固定不变而形状可变，时间窗和频率窗都可以改变的时频局部化分析方法。利用小波变换对于获取复杂时间序列的调整规律以及分辨时间序列在不同尺度上的演变特征等是非常有效的。本节利用小波变换原理将具有非线性特征的瓦斯浓度时间序列进行分解，使其平稳项和混沌项分离，然后对其特征加以分析，分别采用不同的模型来加以预测，通过混沌项的特征研究，采用前面提出的基于非线性混沌动力学的预测模型方法，最后通过小波对所提出的低频和高频的 Lyapunov 指数预测模型结果予以重构，实现对原瓦斯浓度时间序列的预测。

5.6.1 小波重构理论

根据上一节的小波基本理论可知，二进小波只对尺度参数离散，而时间域上的平移参数保持连续变化，因此二进小波不破坏信号在时间域上的平移不变量。另外由于尺度的不同，二进小波可将信号分解为低频部分和高频部分。基于此，本节利用二进小波对瓦斯浓度时间序列进行分解和重构。分解和重构算法采用 Mallat 算法，该算法将信号一层层分解，每一层分解的结果将上次分解得到的低频信号分解成低频和高频两部分，如此，一直把信号进行分解，经 N 层分解之后，原始信号 X 分解为：

$$X = D_1 + D_2 + \cdots + D_N + A_N \tag{5-49}$$

式中，$D_1, D_2, \cdots, D_N$ 分别为第 1 层、第 2 层到第 N 层分解得到的高频信号（又称细节信号）；A_N 为第 N 层分解得到的低频信号（又称逼近信号）。如果能对 $D_1, D_2, \cdots, D_N$ 和 A_N 进行预测，通过小波重构算法即可实现对原始信号的预测。

5.6.2　瓦斯涌出量时间序列的小波分解

利用小波分解算法，可将瓦斯浓度时间序列分解成平稳的低频部分和非线性的高频部分，对瓦斯浓度时间序列进行 3 层分解，即将原始时间序列分解成低频部分 A_3 和不同的高频部分 D_1、D_2、D_3，其分解如图 5-7 所示。

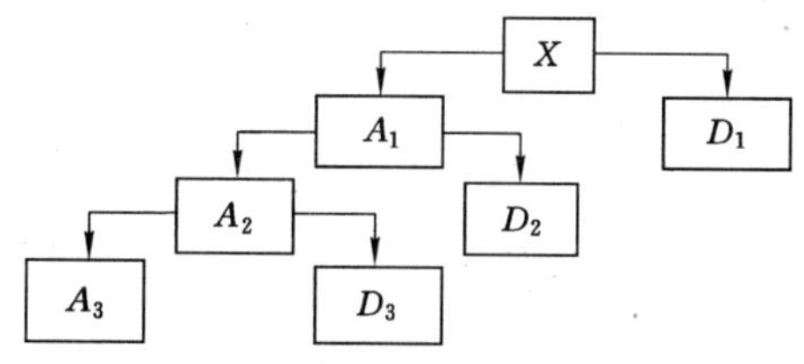

图 5-7　瓦斯涌出量时间序列小波 3 层分解

前几章的研究已经证明煤巷掘进工作面瓦斯浓度时间序列是混沌的，因此，瓦斯浓度时间序列经小波分解后高频部分很可能仍然具有混沌特征，需要进行判断。低频部分虽然较平缓，仍然需要进行混沌判断。研究指出，判断一个序列是否具有混沌特征，要看该序列的最大 Lyapunov 指数是否为正。如果为正，则此序列是混沌的。本节采用前面提出的改进 Wolf 方法，求取小波分换之后部分的最大 Lyapunov 指数。

5.6.3 瓦斯涌出量时间序列的预测

确定了该序列的混沌特征，可建立其混沌预测模型。按照前面研究的改进混沌预测模型分别对小波分解部分的时间序列分别进行预测后，按小波理论进行合成，得原始序列的预测值。

5.7 实例对比研究

利用小波分解算法，分别对恩洪煤矿瓦斯监控系统测得的瓦斯浓度数据序列进行了 3 层分解，即将原始时间序列分别分解成低频部分 A_3 和不同的高频部分 D_1、D_2、D_3，分解层数的选择是根据预测误差最小而定。然后分别对低频部分和高频部分采用 Lyapunov 指数计算，发现虽然低频部分较为平缓，但是其最大 Lyapunov 指数仍然大于零；高频部分的最大 Lyapunov 指数也大于零，但是都比原来相应的最大 Lyapunov 指数小。这些说明瓦斯浓度数据序列的小波分解之后的低频和高频部分都是混沌的，只是混沌程度更小。从这些混沌瓦斯浓度数据序列，经小波分解后，仍然保持混沌特征的性质，是一般的混沌时序均有的性质。因此，本节的处理方法具有通用性。

采用 Lyapunov 预测模型分别对小波分解后的低频和高频部分预测后，按小波理论进行合成，得原始序列的预测值。本节对恩洪煤矿瓦斯监控系统测得的瓦斯浓度数据序列进行了小波 Lyapunov 预测模型及仅仅采用 Lyapunov 预测模型与实测的预测对比，其结果如图 5-8、图 5-9 所示。

从图 5-8 的预测结果发现，在不发生突出时的瓦斯浓度序列中,也就是最大 Lyapunov 指数较小或者说预测长度较大的序列中,小波 Lyapunov 预测模型的精度都比仅仅采用 Lyapunov 预测模型高;小波 Lyapunov 预测模型的相对平均误差是 0.028 5、0.041 9、0.021 8、0.072 5,对应的仅仅采用 Lyapunov 预测模型的相对平均误差是 0.060 4、0.053 7、0.031 2、0.096 3。

从图 5-9 的预测结果发现,在 36 h 内发生突出时的瓦斯浓度序列中,也就是最大 Lyapunov 指数较大或者说预测长度较小的序列中,小波 Lyapunov 预测模型的精度在整体上比仅仅采用 Lyapunov 预测模型高,只有图 5-9(d)例外;小波 Lyapunov 预测模型的相对平均误差是 0.035 7、0.022 1、0.008 3、0.089,对应的仅仅采用 Lyapunov 预测模型的相对平均误差是 0.086 6、0.008 3、0.044 1、0.035 9。

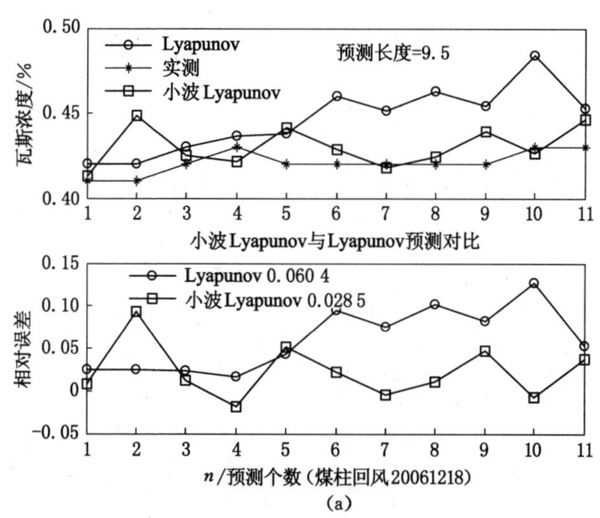

图 5-8 无突出时小波 Lyapunov 预测、Lyapunov 预测与实测对比曲线

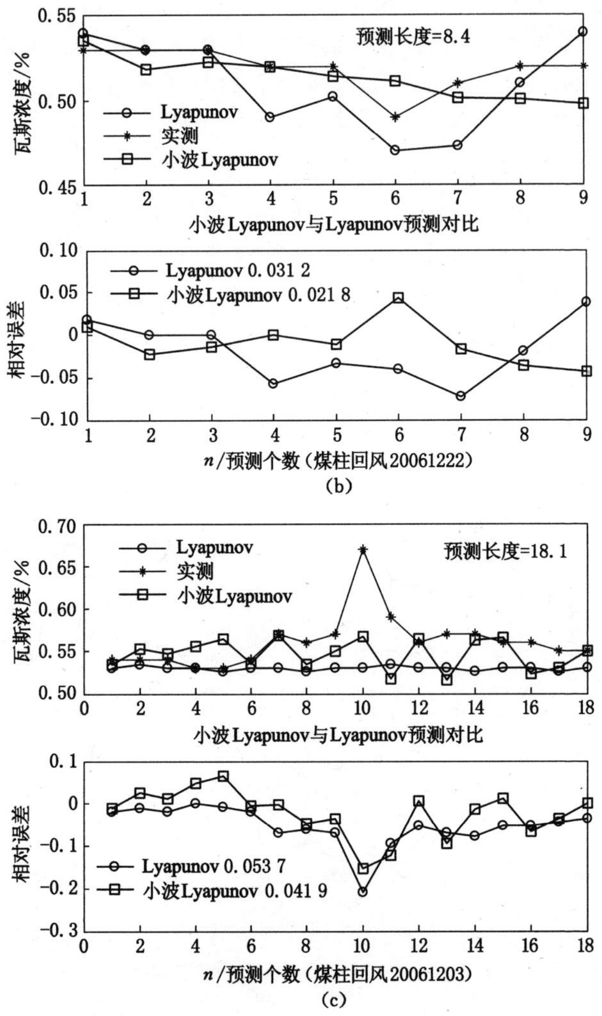

续图 5-8　无突出时小波 Lyapunov 预测、Lyapunov 预测与实测对比曲线

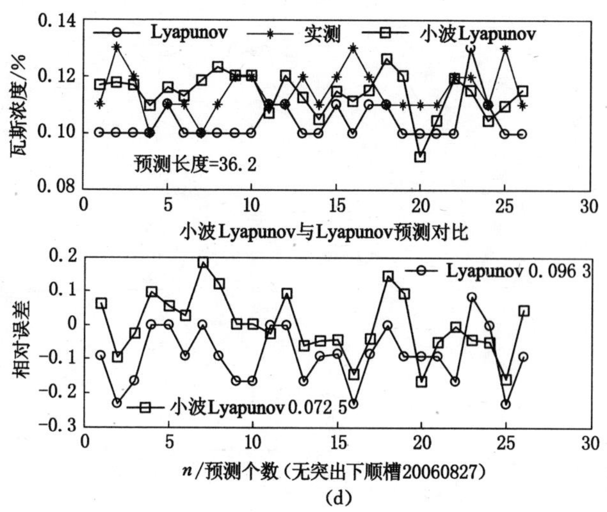

续图 5-8 无突出时小波 Lyapunov 预测、Lyapunov 预测与实测对比曲线

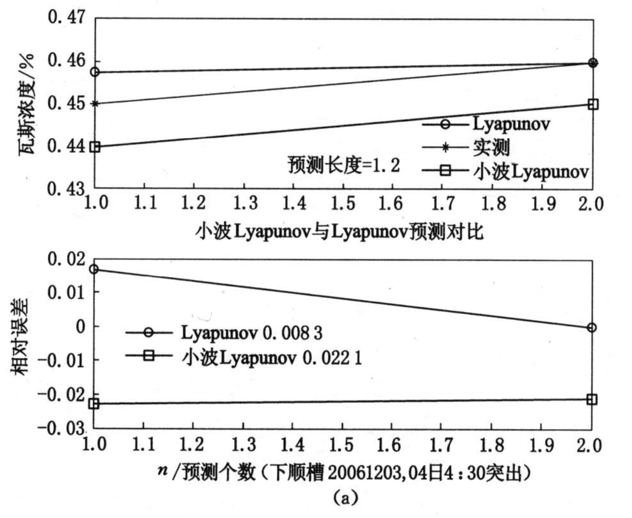

图 5-9 36 h 内发生突出,小波 Lyapunov 预测、Lyapunov 预测与实测对比曲线

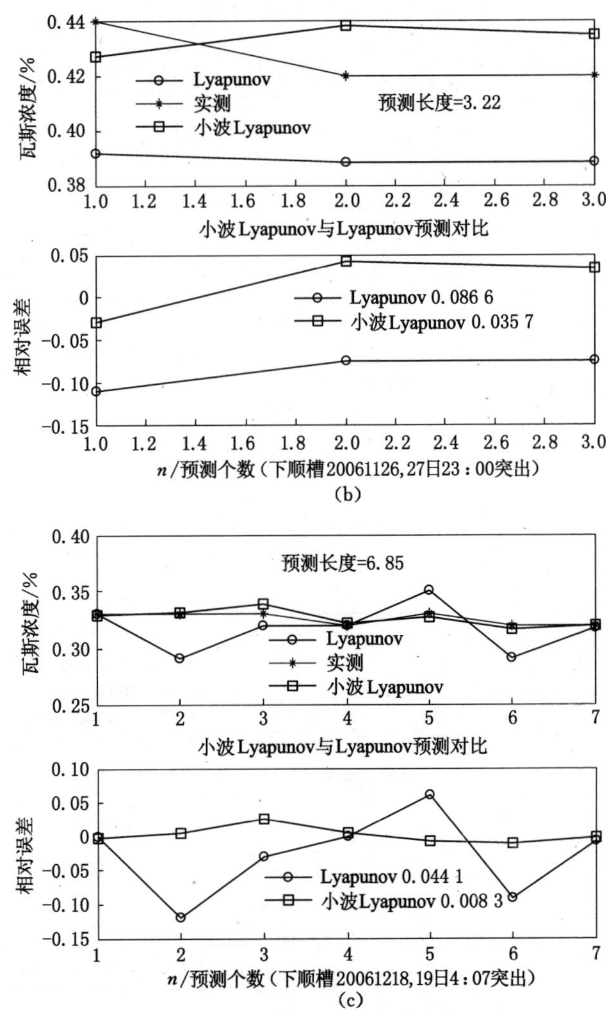

续图 5-9　36 h 内发生突出，小波 Lyapunov 预测、Lyapunov 预测与实测对比曲线

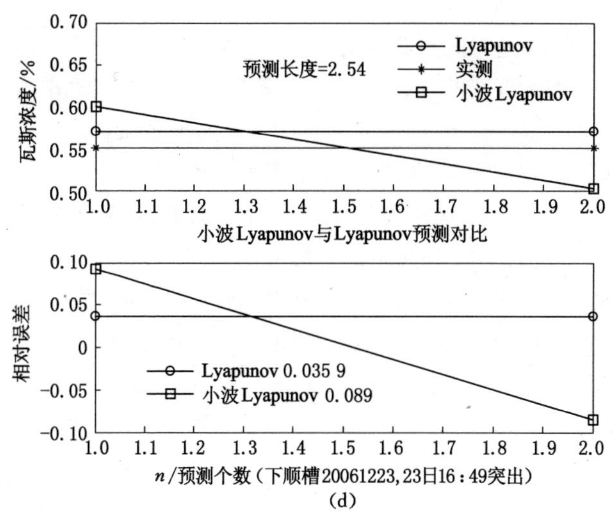

续图 5-9 36 h 内发生突出，小波 Lyapunov 预测、Lyapunov 预测与实测对比曲线

根据研究结果发现，最大 Lyapunov 指数越小的瓦斯浓度数据序列，其预测的长度更大，预测精度也更高。原因是采用小波分解后分别对低频和高频进行 Lyapunov 预测，其精度比仅仅采用 Lyapunov 预测要更高。通过对时间序列的小波分解，进而建立混沌模型并进行预测，再进行小波合成的方法是瓦斯浓度预测的好方法，具有较高的精度，在瓦斯浓度预测中具有极大的应用前景。

5.8 本章小结

（1）本章介绍了基于混沌特征时间序列的全局预测法、零阶局域法、一阶局域法、加权零阶局域法、加权一阶局域预测法。指出了局域法中的不足是最邻近点与中心点的关联程度，提出了计算最邻近点的新方法,能有效地防止产生伪邻近点。

(2) 在混沌时间序列采用最大 Lyapunov 指数预测法是最常用的方法。本章指出了 Lyapunov 预报模式预测值的正负取舍对瓦斯浓度预报的整体精度有较大影响,提出了 Lyapunov 预报模式预测值的判定思路,并且也提出了相应的判定算法。

(3) 介绍了小波分析的基本理论。根据小波分析变换的优点,提出了基于小波与混沌集成的混沌时间序列的预测方法。

(4) 通过恩洪煤矿瓦斯浓度时间序列的预测,发现本书改进的加权一阶局域预测法、改进的 Lyapunov 预报模式预测法及基于小波与混沌集成的混沌预测法具有相当高的精度,可以成为今后煤巷掘进工作面瓦斯浓度时间序列预测的主要技术之一。

6 基于支持向量机的煤与瓦斯突出预测

煤与瓦斯突出预测，不仅能指导防突措施科学的运用、减少防突措施工程量，而且由于对工作面突出危险性进行不间断地检查，还能保证煤层作业人员的人身安全。因此，连续突出预测具有重大的实际意义。

目前关于突出机理的研究还不完善，未能阐明影响突出的各种基本因素之间的相互关联和相互制约的复杂机制，还难以从理论上确定预测突出的敏感指标及其临界值，现有的预测敏感指标及其临界值在很大程度上还是根据人们的经验和统计规律确定的[44]。若能根据煤矿以前发生突出事件的敏感指标值，连续地预测该矿发生突出与否，这是本章的研究内容。

近年来，基于神经网络方法在煤与瓦斯突出危险性的判定和识别中得到了应用，并取得了相当的研究成果，然而这类方法在本质上是基于数据学习的，其理论基础是传统的统计学。按经典统计学中的大数中心定律，统计规律只有当训练样本数目接近无限大时才能准确地表达。加之，神经网络容易陷入局部最小值，泛化能力不强。而作为结构风险最小化准则的具体实现，支持向量机(Support Vector Machines，简称 SVM)克服了神经网络的固有缺陷，不仅具有很强的非线性建模能力，而且具有全局最优、结构简单、小样本推广能力强等优点，成为继神经网络研究之后新的研究热点。考虑到煤与瓦斯突出的复杂性和支持向量机处理多维问题的优势，本章将其用于煤与瓦斯突出预测中并取得了良好的效果。

6.1 支持向量机分类

6.1.1 线性可分数据

为了更好地理解支持向量机[133-137]，让我们首先看具有+1和-1两类并且可分的情况。换言之，存在超平面：

$$< w \cdot x > + b = \sum_{i=1} w_i x_i + b = 0 \tag{6-1}$$

从线性可分模式的情况来看，如图6-1所示，所有代表+1的x向量都在超平面的一边，而所有代表-1的x向量都在超平面的另一边，一旦这些数据是可分的，怎样寻找最好的分界面呢？根据Boser、Guyen和Vapnik[138]的研究，从最近的点到分类超平面具有最大的间隔。在式(6-1)中，权重参数w和偏置参数b是不唯一的。因此，为了分类时最优且唯一性，我们通过建立如下方程达到要求：

$$\min | < w \cdot x > + b | = 1 \tag{6-2}$$

一般使用X表示输入空间，Y表示输出域。通常$X \subseteq R^n$，对两类问题$Y = \{+1, -1\}$，通常表示为：

$$y_i (< w \cdot x_i > + b) \geqslant 1, \ i = 1, 2, \cdots, n \tag{6-3}$$

点x到分类超平面H的距离为：

$$d(w, x, b) = \frac{| < w \cdot x > + b |}{\| w \|} \tag{6-4}$$

根据最优分类超平面的定义，分类间隔可表示为：

$$\begin{aligned} \rho(w, b) &= \min_{\{x_i, y_i\}} \mathrm{d}(w, b, x_i) + \min_{\{x_j, y_j\}} \mathrm{d}(w, b, x_j) \\ &= \min_{\{x_i, y_i\}} \frac{| < w \cdot x_i > + b |}{\| w \|} + \min_{\{x_j, y_j\}} \frac{| < w \cdot x_j > + b |}{\| w \|} = \frac{2}{\| w \|} \end{aligned} \tag{6-5}$$

要使分类间隔$\frac{2}{\| w \|}$最大，就等价于使$\frac{\| w \|}{2}$最小。因此，构

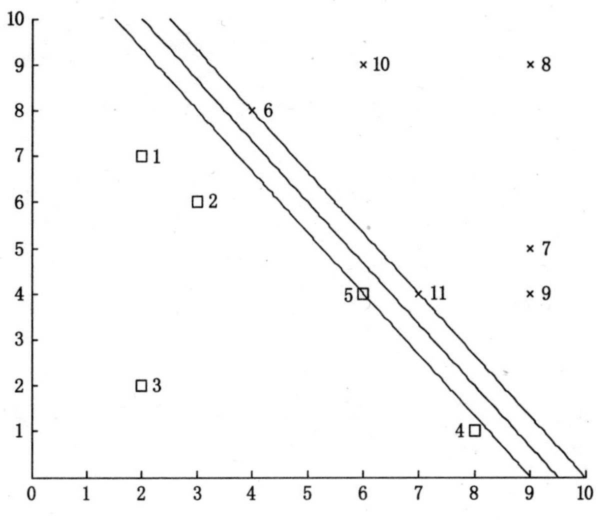

图 6-1　支持向量机的最大间隔超平面

造最优超平面的问题就转化为在条件式(6-3)下使$\frac{\|w\|}{2}$最小化的问题,其最优解可通过拉格朗日函数得到:

$$L(w,b,\alpha)=\frac{\|w\|^2}{2}-\sum_{i=1}^{n}\alpha_i[y_i(<w\cdot x_i>+b)-1] \tag{6-6}$$

这里 $\alpha_i \geqslant 0$ 是拉格朗日乘子。

在式(6-6)中对 w,b 求偏导置零,可得到:

$$\frac{\partial L(w,b,\alpha)}{\partial w}=0 \Rightarrow \sum_{i=1}^{n}\alpha_i y_i x_i=w \tag{6-7}$$

$$\frac{\partial L(w,b,\alpha)}{\partial b}=0 \Rightarrow \sum_{i=1}^{n}\alpha_i y_i=0 \tag{6-8}$$

把式(6-7)、(6-8)代入式(6-6)得到相应的对偶形式:

$$
\begin{aligned}
L(w,b,\alpha) &= \frac{1}{2}\sum_{i,j=1}^{n} y_i y_j \alpha_i \alpha_j < x_i \cdot x_j > - \\
&\quad \sum_{i,j=1}^{l} y_i y_j \alpha_i \alpha_j < x_i \cdot x_j > + \sum_{i=1}^{n} \alpha_i \\
&= \sum_{i=1}^{n} \alpha_i - \frac{1}{2}\sum_{i,j=1}^{n} y_i y_j \alpha_i \alpha_j < x_i \cdot x_j >
\end{aligned}
\tag{6-9}
$$

且

$$
\sum_{i=1}^{n} \alpha_i y_i = 0, \alpha_i \geqslant 0
$$

这样，最优分类面问题就转化为对 α_i 求解式(6-9)的最大值问题，其中 α_i 是与每个样本对应的拉格朗日乘子。这是一个不等式约束下二次函数寻优问题，存在唯一的解，由 Kuhn-Tucker[138] 定理可知，最优解满足：

$$
\alpha_i [y_i(< w \cdot x_i > + b) - 1] = 0,\ i = 1,2,\cdots,n \tag{6-10}
$$

因此对于不在校准分界面 $w \cdot x + b = 1$ 和 $w \cdot x + b = -1$ 上的 x_i，α_i 都为 0。另外使 $\alpha_i = 0$ 的任意样本即使发生来回移动，只要不超越到校准超平面的外部，就不会对分类面的求解产生影响。这些具有非零拉格朗日乘子的数据点位于标准超平面上，称为支持向量。支持向量只少 2 个，一个支持向量代表输出 $y_i = +1$ 的类别，另一个支持向量代表输出 $y_i = -1$ 的类别。式(6-6)的解由下式给出：

$$
w = \sum_{i \in SV}^{n_{SV}} \alpha_i y_i x_i \tag{6-11}
$$

$$
b = \frac{1}{n_{SV}} \sum_{i \in SV}^{n_{SV}} y_i - \frac{1}{n_{SV}} \sum_{i \in SV}^{n_{SV}} \sum_{j \in SV}^{n_{SV}} \alpha_i y_i x_i^{\mathrm{T}} x_j \tag{6-12}
$$

式中，n_{SV} 是支持向量数，求和运算在整个支持向量集 SV 上进行。

对于新的样本 x，根据下式进行分类：

$$w \cdot x + b = 0 \tag{6-13}$$

替换 w 和 b，得出线性判别：

$$\begin{aligned} f(x) &= \mathrm{sgn}\{w \cdot x + b\} \\ &= \mathrm{sgn}\left\{\sum_{i \in SV}^{n_{SV}} \alpha_i y_i x_i x - \frac{1}{n_{SV}} \sum_{i \in SV}^{n_{SV}} \sum_{j \in SV}^{n_{SV}} \alpha_i y_i x_i^{\mathrm{T}} x_j + \frac{1}{n_{SV}} \sum_{i \in SV}^{n_{SV}} y_i \right\} \end{aligned} \tag{6-14}$$

6.1.2　线性不可分数据

在很多实际问题中，线性可分的数据并不总是存在的。因此，需要有其他的方法来处理线性不可分数据。这里有两种方法可解决此问题，一种是引入错分的松弛因子；另一种是应用更复杂的非线性支持向量机。

首先研究第一种方法，在训练样本集不可分情况下，如图 6-2 所示。可以在式(6-3)中加入一个松弛变量 $\xi_i \geqslant 0$，即：

$$y_i(<w \cdot x_i> + b) \geqslant 1 - \xi_i,\ \xi_i \geqslant 0,\ i = 1, 2, \cdots, n \tag{6-15}$$

为了并入因不可分而造成的额外代价，一种便利的方法是通过用 $\frac{1}{2}\|w\| + C\sum_{i=1}^{n}\xi_i$ 代替 $\frac{\|w\|}{2}$ 为代价函数引入额外代价项，其中 C 是调整参数，项 $C\sum_{i=1}^{n}\xi_i$ 是错分量的度量，C 的值越低，对离

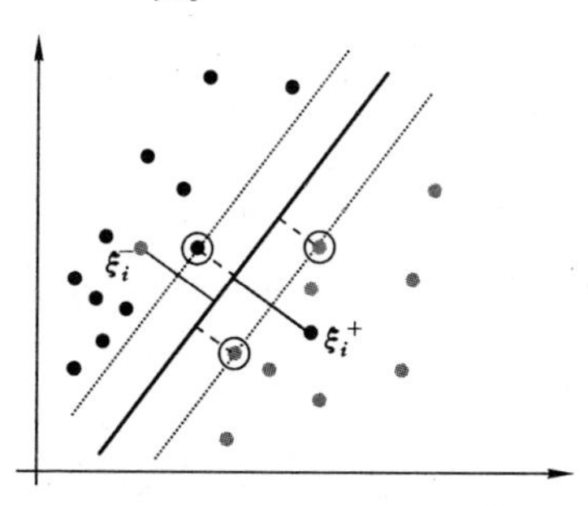

图 6-2　线性不可分数据

群值的惩罚就越少,同时可获得更松的分类间隔。

即为:

$$\min \frac{1}{2}\|w\|^2 + C\sum_{i=1}^{n}\xi_i$$

$$\text{Subject to}\quad y_i[<w \cdot x_i>+b]\geqslant 1-\xi_i,\ i=1,2,\cdots,n \qquad (6\text{-}16)$$

$$\xi_i\geqslant 0,\ i=1,2,\cdots,n$$

式(6-16)问题的原拉格朗日函数是:

$$L(w,b,\xi,\alpha) = \frac{1}{2} < w \cdot w > + \frac{C}{2}\sum_{i=1}^{n}\xi_i - \sum_{i=1}^{n}\alpha_i[y_i(< w \cdot x_i > + b) - 1 + \xi_i] - \sum_{i=1}^{n} r_i\xi_i \qquad (6\text{-}17)$$

其中,拉格朗日乘子是 $\alpha_i\geqslant 0$ 和 $r_i\geqslant 0$;引入 r_i 是为了保证 ξ_i 为正。

在式(6-17)中,分别对 w、b 和 ξ 求偏导,令其等于 0,得到:

$$\frac{\partial L(w,b,\xi,\alpha)}{\partial w} = 0 \Rightarrow \sum_{i=1}^{n}\alpha_i y_i x_i = w$$

$$\frac{\partial L(w,b,\xi,\alpha)}{\partial b} = 0 \Rightarrow \sum_{i=1}^{n}\alpha_i y_i = 0 \qquad (6\text{-}18)$$

$$\frac{\partial L(w,b,\xi,\alpha)}{\partial \xi} = 0 \Rightarrow C = \alpha_i + r_i$$

将式(6-18)代入式(6-17),得到拉格朗日对偶形式:

$$L(w,b,\xi,\alpha) = \sum_{i=1}^{n}\alpha_i - \frac{1}{2}\sum_{i,j=1}^{n}\alpha_i\alpha_j y_i y_j < x_i \cdot x_j >$$

$$\sum_{i=1}^{n}\alpha_i y_i = 0\ ,0 \leqslant \alpha_i \leqslant C。 \qquad (6\text{-}19)$$

式(6-19)与式(6-9)的形式相同,唯一的变化是 α_i 的上限。对应的 Karush-Kuhn-Tucker 的附加条件是:

$$\alpha_i[y_i(<w \cdot x_i>+b)-1+\xi_i]=0,\ i=1,2,\cdots,n \quad (6\text{-}20)$$

$$r_i\xi_i=(C-\alpha_i)\xi_i=0$$

使 $\alpha_i>0$ 的样本称为支持向量。那些满足 $0<\alpha_i<C$ 的样本

一定有 $\xi_i=0$，它们位于到分类面距离为 $\frac{1}{\|w\|}$ 的一个标准超平面上。只有当 $\alpha_i=C$ 时，非零松弛变量才会出现，在这种情况下，若 $\xi_i>1$ 则点 x_i 被错分，若 $\xi_i<1$ 则分类正确，但 x_i 到分类面的距离小于 $\frac{1}{\|w\|}$，w 由式(6-11)给出，b 由下式给出：

$$b=\frac{1}{n_{SV'}}\sum_{i\in SV'}^{n_{SV'}}y_i-\frac{1}{n_{SV'}}\sum_{i\in SV'}^{n_{SV'}}\sum_{j\in SV'}^{n_{SV'}}\alpha_i y_i x_i^{\mathrm{T}}x_j \tag{6-21}$$

其中，SV 是一组支持向量，这些支持向量与 α_i 相关，α_i 又满足条件 $0<\alpha_i\leqslant C$。而 SV' 是满足 $0<\alpha_i<C$ 的 $N_{SV'}$ 个支持向量(那些到分类平面的目标距离为 $\frac{1}{\|w\|}$ 的向量)组成的集合。

6.2 核函数特征空间

6.2.1 核函数性质及非线性支持向量机

上节介绍的线性支持向量机是将其作为线性可分数据寻找最优分类超平面的一种工具，同时讨论了当数据线性不可分时的改进方法。现实世界复杂的应用需要有比线性函数更富有表达能力的假设空间。换言之，就是目标分类通常不能由给定属性的简单线性函数组合产生，而是一般地寻找待研究数据的更抽象的特征。因此，需要研究更复杂的分类器。

对于非线性分类情况，选择一个非线性映射 $p(x)$，将输入向量映射到高维特征空间则可能实现线性可分。如图 6-3 所示，应用非线性映射，将数据映射到特征空间，通过非线性映射之后的数据是线性可分的，在特征空间中使用线性分类器如下：

$$\phi(x)=<w\cdot p(x)>+b \tag{6-22}$$

式中，$f(x):X\rightarrow F$ 是从输入空间到某个特征空间的映射。根据上

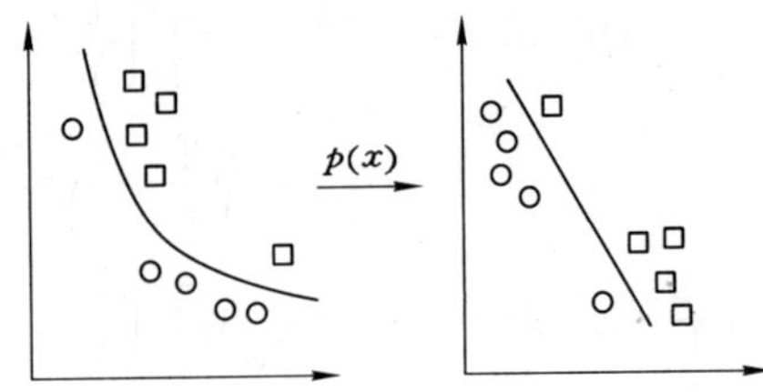

图 6-3 简化类任务的特征向量

一节的研究同样可得：

$$w = \sum_{i \in SV}^{n_{SV}} \alpha_i y_i p(x_i)$$

$$b = \frac{1}{n_{SV}} \sum_{i \in SV}^{n_{SV}} y_i - \frac{1}{n_{SV}} \sum_{i \in SV}^{n_{SV}} \sum_{j \in SV}^{n_{SV}} \alpha_i y_i p(x_i)^{\mathrm{T}} p(x_j) \tag{6-23}$$

采用对偶形式，式(6-22)可表示为：

$$\phi(x) = \sum_{i=1}^{n} \alpha_i y_i < p(x_i) \cdot p(x) > + b \tag{6-24}$$

支持向量分类机中出现了核函数 $K(x,y)$，核函数的定义是特征空间上的内积，即 $K(x,y) = p(x)^{\mathrm{T}} p(y)$。它们必须满足 Mercer 条件[139]，即当且仅当 $K(x,y)=K(y,x)$，且

$$\int K(x,z) f(x) f(z) \mathrm{d}x \mathrm{d}z \geqslant 0 \tag{6-25}$$

其中，对于所有的 f 满足

$$\int f^2(x) \mathrm{d}x < \infty \tag{6-26}$$

时，核函数 $K(x,y)$，x、$y \in R^n$，即 $K(x,y) = p(x)^{\mathrm{T}} p(y)$。也就是说 $K(x,y)$ 可以展成：

$$K(x,y) = \sum_{j=1}^{\infty} \lambda_j p_j^{\mathrm{T}}(x) p_j(y) \tag{6-27}$$

其中，λ_j、$p_j(x)$ 是满足下式的特征值与特征函数。

$$\int K(x,y)\phi_j(x)\mathrm{d}x = \lambda_j \phi_j(x) \tag{6-28}$$

用核函数 $K(x,y)$ 代替特征向量之间的数积，判别函数(6-24)变成：

$$\phi(x) = \sum_{i=1}^{n} \alpha_i y_i K(x_i, x) + b \tag{6-29}$$

6.2.2　构造核函数

Mercer 定理虽然指出了满足什么条件的函数可作核函数，但是在应用中如何更好地利用相关领域的先验知识来选择核函数未见有报道。换言之，如何针对具体的问题选择合适的核函数成为核函数方法研究的重点。

6.2.2.1　核函数构造方法

核函数方法的使用可以有效地克服分类数据集中存在的大量非线性问题，核函数技术中重要的一步是构造核函数，这也是目前核函数方法研究的难点和热点。常见的构建核函数的方法主要有：基于特征变换构造核函数、基于样本构造核函数以及通过 Mercer 定理构造核函数。

1. 基于特征变换构造核函数

核函数是作为一种非线性映射的隐式表达方法而被提出的，此种隐式表达方法给分析映射的性质带来了许多困难，但是若在已知非线性映射的情况下，构建与之对应的核函数则是一个比较容易的事情，依据核函数所要表达的含义：

$$K(x,y) = p(x)^{\mathrm{T}} p(y) \tag{6-30}$$

因此任何一种将数据映射到高维空间所构造的非线性变换 $p(x)$ 都可以通过式(6-30)来实现相应的核函数构造。然而，对于许多实际问题，找到合适的特征变换往往要比定义一个核函数更加困难。

2. 基于训练样本构造核函数

吴涛[140]提出的基于训练样本构造核函数，指出构造满足 Mercer 条件的显式核函数并非必要。导致依据训练样本之间的内积确定测试样本与训练样本之间的内积值，并据此分析提出了利用散乱数据插值的方法确定特征空间中感兴趣点的内积值代替传统核函数的一般表达式所起的作用。仿真实验表明，这种方法不仅可以有效地减少支持向量机训练中的不确定性，而且推广能力要优于绝大部分的基于传统核函数的支持向量机。这种不需构造核函数的解析表达式，而是直接从样本来构造核函数的方法为核函数的构造开辟了新的思想。但是，这种构造核函数的方法在解决实际问题时，因计算量过大而降低了其应用频率。加之，这种方法要针对分类问题，直接依据样本构造核函数导致核函数易受样本质量的影响。

3. 利用 Mercer 定理构造核函数

应用 Mercer 核函数的性质构造核函数，它要求函数在任意有限点集上定义的矩阵是半正定的。换言之，利用核函数集合在某些运算中封闭的性质，组合现有的一些核函数而构造出新的核函数，它允许从简单的核函数创建复杂的核函数。

命题 6.1[138]　令 K_1 和 K_2 是在 $X \times X$ 上的核，$X \subseteq R^n$、$a \in R^+$，$f(*)$是 X 上的一个实值函数，$p: X \rightarrow R^m$，K_3 是 $R^m \times R^m$ 上的核，并且 B 是一个半正定 $n \times n$ 矩阵，$C_1, C_2 \geqslant 0$，则下述函数是核函数：

$$
\begin{aligned}
&(1)\ K(x,x_i) = C_1 K_1(x,x_i) + C_2 K_2(x,x_i)\\
&(2)\ K(x,x_i) = K_1(x,x_i) K_2(x,x_i)\\
&(3)\ K(x,x_i) = \alpha K_1(x,x_i)\\
&(4)\ K(x,x_i) = f(x)^{\mathrm{T}} f(x_i)\\
&(5)\ K(x,x_i) = K_3(p(x), p(x_i))
\end{aligned}
\tag{6-31}
$$

(6) $K(x,x_i)= x^{\mathrm{T}}Bx_i$

推论 6.1[138] 令 $K_1(x,x_i)$是在 $X\times X$ 上的核,x、$x_i\in X$,$Q(x)$是正系数的多项式。则下面的函数也是核函数:

(1) $K(x,x_i)=Q(K_1(x,x_i))$

(2) $K(x,x_i)=\exp(K_1(x,x_i))$ (6-32)

(3) $K(x,x_i)=\exp\left(-\frac{\| x-x_i \|^2}{\delta^2}\right)$

在机器学习和支持向量机中,核函数得到了广泛的应用,下面是常用核函数。

(1) 线性核函数:$K(x,x_i)=x^{\mathrm{T}}\cdot x_i$

(2) 多项式核函数:$K(x,x_i)=[x^{\mathrm{T}}\cdot x_i+1]^d(d=1,2,\cdots,N)$

(3) 径向基核函数:$K(x,x_i)=\exp\left(-\frac{\| x-x_i \|^2}{\delta^2}\right)$ (6-33)

(4) 双曲线核函数:$K(x,x_i)=\tan h[\lambda(x^{\mathrm{T}}\cdot x_i)+c]$

6.2.2.2 混合核函数

每一种核函数都有自己的优缺点,不同的核函数所表现出的特点各不相同,由它们所构成的支持向量机的性能也完全不同。目前可以将核函数分为局部核函数和全局核函数。对于局部核函数,只有那些相互靠近的数据才会影响核函数的值;而对于全局核函数,即使相距较远的数据都可以对核函数的值有影响。

当选择了一种核函数后,也就选定了一种学习模型,而一个学习模型性能的好坏是由学习能力和推广能力两方面决定的。因此,在核函数方法中,不论采用单个全局核函数还是局部核函数,都有一定的局限性,不能完全适应数据的分布特性。将多个不同性质的核函数结合起来,使得混合后的核函数具有更好的特性,这是混合核函数方法的基本思想。

首先比较两个典型的核函数,径向基核函数 $K(x,x_i)=$

$\exp\left(-\frac{\| x-x_i \|^2}{\delta^2}\right)$和多项式核函数 $K(x,x_i)=[x^{\mathrm{T}}\cdot x_i+1]^d$ $(d=1,2,\cdots,N)$的特性。分别作出径向基核函数和多项式核函数的分类面，如图 6-4 和图 6-5 所示。

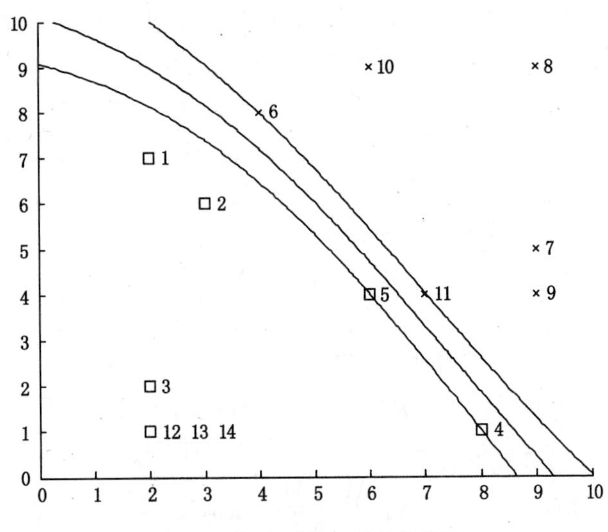

图 6-4　径向基核函数的分类面

因此将多项式核函数和径向基核函数进行组合，以便使得混合核函数具有较好的学习能力和较好的推广能力。

依据核函数的构成条件，两个核函数之和仍是符合条件的核函数，因此本节提出了以下一种新的组合核函数：

$$K_{\mathrm{mix}}=\rho K_{\mathrm{poly}}+(1-\rho)K_{\mathrm{rbf}}$$

即：

$$K(x,x_i)=\rho[(x^{\mathrm{T}}\cdot x_i)+1]^d+(1-\rho)\exp\left(-\frac{\| x-x_i \|^2}{\delta^2}\right) \tag{6-34}$$

其中 $\rho(0\leqslant\rho\leqslant1)$为调节两种核函数对总的混合核函数影响

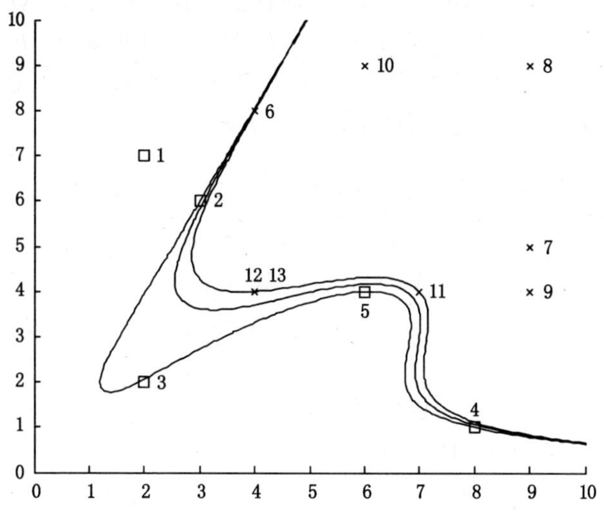

图 6-5　多项式核函数的分类面

的参数。当 $\rho=0$ 时，混合核函数退化为径向基核函数，而当 $\rho=1$ 时，混合核函数退化为多项式核函数。混合核函数的分类特性曲线如图 6-6 所示。从图中可以发现，通过调节 ρ，即可调节局部和全局核函数对混合核函数性能的影响，将过程的先验知识融入核函数的确定。可以使混合核函数适应不同的数据分布，等效于在核函数的选择中，融入对具体问题的先验知识。

6.2.3　支持向量机核函数及参数的选择

核函数的选择是支持向量机理论研究的一个核心问题，但是目前还没有一种针对具体问题构造合适核函数的有效方法。核函数、映射函数以及特征空间是一一对应的，选定了核函数 $K(x,x_i)$ 就隐含地确定了映射函数和特征空间。核函数隐含地改变映射函数，从而改变训练样本空间分布的复杂程度(维数)。训练样本空间维数决定了在此空间构建分类面的最大维，也决定了分类面能

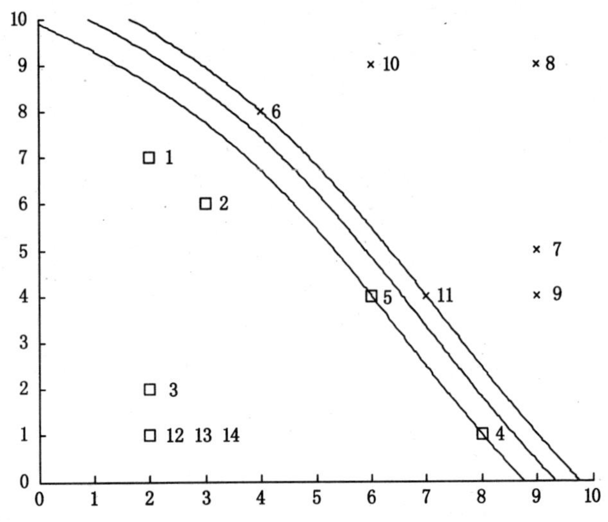

图 6-6　径向基多项式混合核函数的分类面

达到的最小经验误差。选择合适的核函数将数据投影到合适的特征空间，才能得到推广能力良好的支持向量机分类器。

另外，为了获得较好的分类效果，选定核函数之后，参数的取值也十分重要。这些参数如下：

(1) 惩罚因子 C。式(6-16)中误差惩罚因子 C 的作用是在选定的训练样本中调节学习机器置信范围和经验风险的比例以使学习机器的推广能力最好，不同训练样本中最优的 C 不同。C 越大，分类器的复杂程度越大，推广误差下降；当 C 达到一定的值时，随着 C 的变化，分类器的推广误差将几乎不变。因此，寻找一个合适的 C 值，达到分类器的复杂度和推广误差之间的折中，对于分类器的设计至关重要。

(2) 多项式核函数的次数。多项式核函数的参数比 RBF 核的更多，选择起来比较复杂。如果多项式的次数比较高的话，在计算时可能会出现溢出的现象。

(3) RBF 核的(C,δ)参数。RBF 核训练样本非线性地映射到更高维的空间上,因而可以处理分类面的非线性关系。对于一个基于 RBF 下核函数的支持向量机(SVM),其性能是由参数(C,δ)决定,选取不同的 C 和 δ 就能得到不同的 SVM。为了寻找最佳的参数组合使该 SVM 的性能最好,即推广错误率最低。最简单的方法是分别选择不同的参数组合,得到不同的错误率,分别比较这些错误率选取其中错误率最小的参数组合作为最优选择,这种方法也称为枚举法。

(4) 混合核函数。采用线性核函数、多项式核函数和 RBF 核函数的组合,其中 RBF 核函数中不再有惩罚因子 C。这种混合核具有线性核函数、多项式核函数与 RBF 核函数的优点,具有更高的分类正确率。

6.3 支持向量机的优化算法

支持向量机是在模式分类中表现优秀的一种分类方法。根据 Vapnik 的统计学习理论,支持向量机从结构风险最小化原则出发,将输入空间通过核函数映射到一个高维内积空间中,从而得到全局最优解,有效地避免了“维数灾难”,保证了收敛速度,而且不存在局部极小问题,具有很好的泛化及推广能力。

传统的 SVM 训练算法都是把原问题转化为对偶的二次规划问题进行求解,如内点法、有效集法、Wolfe 法、拉格朗日鞍点法、应用 K-T 条件的先行规划法等,但是存在着计算量最大、速度慢、计算机内存占用过多等问题。为了寻找更为有效的算法,许多学者研究多种算法来改善支持向量机算法,这些算法主要包括分块算法(Chunking algorithm),分解算法(Decomposition algorithm)、SVM^{light}算法和 SMO 算法(Sequential Minimal Optimization)等。

对于 SVM 优化算法的研究仍是这一领域的热点课题[138]，随着对此问题研究的进一步深入，SVM 的应用范围会越来越广。

与分类支持向量机相关的优化问题(QP)可以写成：

$$\min w(\alpha)=\frac{1}{2}\sum_{i,j=1}^{n}\alpha_i\alpha_j y_i y_j K(x_i,x)-\sum_{i=1}^{n}\alpha_i \tag{6-35}$$

$$\text{Subject to }\sum_{i=1}^{n}\alpha_i y_i=0$$

$$0\leqslant\alpha_i\leqslant C,\ i=1,2,\cdots,n$$

6.3.1 分块算法

为了解决较大规模的优化问题，1995 年 Cortes 和 Vapnik 提出了分块算法(Chunking algorithm)。将矩阵中对应拉格朗日因子为零的行与列消去，得到的矩阵仍为二次型目标函数值与原矩阵对应的目标函数值相等。由于最终目的是确定那些非零的拉格朗日因子，因此大型的 QP 问题可化为一系列小规模的 QP 问题。算法的每一步中都加入固定数量的样本，同时保留上一步中剩下的具有非零拉格朗日乘子的样本，以及事先确定 M 个不满足 KKT 条件的最差样本；如果不满足 KKT 条件的样本数不足 M 个，则将不满足条件的样本全部加入。算法的每一步均以上一步的结果作为初始值进行计算，如此一步步经过若干次的子 QP 问题的求解，最后所有非零拉格朗日乘子都被找到，从而解决了原来的二次规划问题。当支持向量数远远小于样本数时，算法效率较高。

6.3.2 分解算法

1997 年 Suna 等人提出了分解算法(Decomposition algorithm)，并且在理论上证明了分解算法的收敛性。该定理证明，如果存在不满足 K-T 条件的数据点，那么把它对应的拉格朗日因子加到上一个子问题的集合中后，重新优化这个子问题，则可行点依然满足约束条件，且性能将明显地改进。因此，通过每步至少加入一个不满足 K-T 条件的样本对应的拉格朗日因子，一系列的子 QP 问题可保证实现收敛。分解算法的主要思想是将训练样本集分为工作集 B 和非工作集 N，工作集 B 中包含样本个数至少和支持向量的个数一样多。作为子问题的样本集进行 SVM 训练。在每一个子问题的训练过程中，N 中的所有样本相对应的拉格朗日乘子固定不变。子问题训练结果后，用所得的决策函数对 N 中的样本进行测试，用违反 KKT 条件最严重的样本替换初始工作集中拉格朗日乘子为零的样本。

6.3.3 序贯最小优化算法

序贯最小优化算法(Sequential Minimal Optimization)是将分解算法思想推向极致得出的，而每次迭代仅优化两个点的最小子集。这项技术的威力在于两个数据点的优化问题可以获得解析解，从而不需要将二次规划优化算法作为算法的一部分。

对条件 $\sum_{i=1}^{n}\alpha_i y_i = 0$，需要在迭代中实现，意味着每步能优化的乘子最小个数为 2；无论何时一个乘子被更新，至少需要调整另一个乘子来保持条件成立。

每步 SMO 选取两个元素 α_i 和 α_j 共同优化，在其他参数固定的前提下，找到这两个元素参数的最优值，并更新相应的 α 向量。这两个点的选择是启发式的，而这两个点的乘子优化可以获得解析解。尽管需要更多的迭代才收敛，但每个迭代需要很少的操作，因此算法在整体上的速度有数量级的提高。因为标准 SMO 不需要有存储核矩阵，核矩阵的引入可能会获得更进一步的速度提高，代价是增加了空间复杂度。

本书所有计算使用的是基于 SMO 采用 MATLAB7.0 软件编制 SVM 计算程序，该程序在运算速度和计算结果准确度方面都表现出良好的性能。

6.3.4 SVM^{light}算法

1998 年，Joachim 等人提出 SVM^{light}算法。它是 Suna 分解算法的一种推广，SVM^{light}选择工作集合的策略是基于 Zoutendijk 可行方向法。Joachim 在 SVM^{light}算法中还对常用的参数进行缓存，并随着迭代的进行运用收缩策略，他实现了基于此算法的软件包 SVM^{light}。

6.3.5 最近点迭代法

最近点迭代法（Nearest Point Algorithm，NPA）对于解决支持向量机分类问题是一个性能良好的方法。此算法源于计算几何中通过迭代找出两个凸多面体的最近点的思想。具体迭代步骤如下：

（1）对于任意的 $x_i \in X_1$、$x_j \in X_2$，令 $z = x_i - x_j$，取 ε 为(0,1)中的一个值。

（2）如果不存在满足下列条件

$$\begin{aligned} k \in I_1 &\Leftrightarrow -z \cdot z_k + z \cdot x_i \geqslant \frac{\varepsilon}{2} \| z \|^2 \\ k \in I_2 &\Leftrightarrow -z \cdot z_k - z \cdot x_j \geqslant \frac{\varepsilon}{2} \| z \|^2 \end{aligned} \tag{6-36}$$

的 k，则 x_i、x_j 为两类点集的最近点，得优解 $w = \frac{2}{\| x_i - x_j \|^2} \cdot (x_i - x_j)$，$b = \frac{\| x_i \|^2 - \| x_j \|^2}{\| x_i - x_j \|^2}$。

否则利用找到的 k，进行下一步。

（3）选择两个凸点集 $X_1' \subset X_1$、$X_2' \subset X_2$ 且 $x_i \in X_1'$、$x_j \in X_2'$。如果 $k \in I_1$，则 $z_k \in X_1'$，得(x_i, x_j)是两类凸点集 X_1'、X_2'的最近点，令 $z = x_i - x_j$ 返回第(2)步；同样如果 $k \in I_2$，则 $z_k \in X_2'$，得(x_i, x_j)是两类凸点集 X_1'、X_2'的最近点，令 $z = x_j - x_i$ 返回第(2)步。

在迭代计算最优解时，不必在迭代过程中具体地显示出 z_t 中 x_i, x_j 的值，只需计算出 $z_t = x_i - x_j$ 这个向量是否到超平面的距离最短，在一定程度上减少了运算时的计算量。

支持向量机具有严格的理论基础和数学基础，具有结构简单、全局优化、泛化能力较好等优点，近几年得到了广泛的研究发展，但是能够方便、快捷地解决支持向量机问题的算法至今仍有待完善。

6.4 特征选择与提取

6.4.1 概述

在一个较完整的模式识别系统中，明显地或者隐含地要有特征选择与提取技术，通常其处于对象特征数据采集和分类识别两个环节之间，特征提取与选择方法的优劣极大地影响着分类器的设计和性能，它是模式识别三大核心问题之一[133]。

特征选择与提取的基本任务是研究如何从众多特征中求出那些对分类识别最有效的特征，从而实现特征空间维数的压缩。在实现这个目标时，常常有两种方法。一种方法是识别那些对分类贡献不大的变量。在判别问题时，可以忽略那些对类别可分离性作用不大的变量。为此，需要从 P 维测量值中，选取出 d 个特征，这种方法称为测量空间中的特征选择。另一种方法是找到一个从 P 维测量空间到更低维数特征空间的变换，这种方法叫作变换空间中的特征提取。变换可以是原始变量的线性或非线性组合，可以是有监督或无监督的情况。如图 6-7 所示。

这两种方法都要求最优化准则函数 J。对特征选择来说，最优化是在 P 个可能的测量值 $x_1, x_2, \cdots, x_p$ 的所有可能的大小为 d 的子集 X_d 的集合上进行的。因此，寻找子集 X_d' 使：

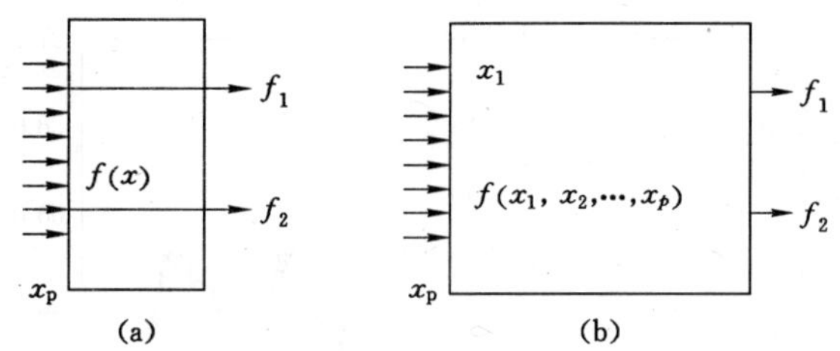

图 6-7　维数压缩

$$J(X'_d) = \max J(x),\ x \in X_d \tag{6-37}$$

在特征提取中，最优化特征在变量的所有可能变换上进行。通常先指定变换的类型（如变量集的线性变换），再寻找一种变换 A'，使：

$$J(A') = \max_{A' \subset A} J(A(x)) \tag{6-38}$$

其中，A 是允许的变换集，特征向量就是 $y = A'(x)$。

6.4.2　类别可分性判据

依据某种准则进行特征选择与提取，为此，首先应当构造类别可分性判据准则。这些判据应能反映各类在特征空间中的分布情况，应能刻画各特征分量在分类识别中的重要性或贡献，因此希望所构造的可分性判据满足下列要求：

（1）与误判概率（或误判概率的界限）有单调关系。

（2）当特征相互独立时，判据有可加性，即：

$$J_{ij}(x_1, x_2, \cdots, x_d) = \sum_{k-1}^{d} J_{ij}(x_k) \tag{6-39}$$

式中，$x_1, x_2, \cdots, x_d$ 是对象不同种类特征的测量值，$J_{ij}(\cdot)$ 表示使用括号中的特征时 ω_i 类与 ω_j 类可分性判别函数。

（3）判据具有“距离”的某些特性，即

$$J_{ij} > 0，当\ i \neq j\ 时，J_{ij} = 0；当\ i = j\ 时，J_{ij} = J_{ji} \tag{6-40}$$

(4) 对特征数目是单调不减的,即加入新的特征后,判据值不减

$$J_{ij}(x_1,x_2,\cdots,x_d)\leqslant J_{ij}(x_1,x_2,\cdots,x_d,x_{d+1}) \qquad (6\text{-}41)$$

所构造的可分性判据并不一定同时具有上述四个性质,但这并不影响它在实际使用中的价值。

6.4.3 特征选择与提取的原则

特征选择与提取的过程,就是通过一定的搜索策略产生候选的特征子集的过程。每一个候选的特征向量都是根据一定的原则选择与提取特征向量,并与先前最优的特征向量进行比较。特征选择与提取的原则可分为关联原则和独立原则。

(1) 关联原则

关联原则经常应用在分类器模型的特征算法中,首先确定一个学习算法并利用学习算法性能作为特征提取的原则。在监督特征提取中,特征提取的准确率是一个常用的关联原则,对于特定的分类器,利用分类准确率可以选择较好的特征子集。对于非监督特征提取,通常利用特定的聚类算法在所选择的子集上的聚类质量来评价特征子集。

(2) 独立原则

独立原则是通过训练数据的内在特性来对所提取的特征子集进行特征选择。通常包括:距离度量、信息度量、关联性度量和一致性度量。

① 距离度量。它包括点与点的距离、点到点集的距离、类内及总体的均值矢量、类内距离、类内离差矩阵、两类之间的距离等的可分性距离。对于两类问题和两个特征 X 和 Y,如果特征 X 使得两类的条件概率的差别更大,则先选择 X,以试图找到能使两类尽可能被分开的特征。

② 信息度量。它主要是计算特征的信息增益。一个特征 X 的信息增益可以定义为:X 使得先验不确定性与期望的后验不确

定性之间的差别。如果特征 X 的信息增益大于特征 Y,则 X 好于 Y。常用于与熵相关的各种度量。

③ 关联性度量。它主要是度量以一个变量的取值去获得另一个变量值的能力,在监督特征提取中,主要考虑特征与类的关联性,如果特征 X 与类 A 的关联性大于特征 Y 与类 A 的关联性,则选择 X。在非监督特征选择中,也要考虑特征之间关联性。

④ 一致性度量。所提取的特征子集具有与全集相同分类能力的最小特征子集。

6.5 瓦斯涌出量表征煤与瓦斯突出的特征提取

6.5.1 方法的提出

《煤矿安全规程》规定,高瓦斯矿井、煤与瓦斯突出矿井,都应装备矿井安全监控系统,但目前的安全监控系统,在瓦斯方面的主要功能是监控,当被测地点瓦斯浓度超过规定浓度时,进行断电、报警,而缺乏对监测的瓦斯浓度数据作进一步分析。也就是现在的瓦斯监测监控系统对于预防突发的瓦斯突出事件,缺乏对事态发展发生的前期预警功能。

如何从繁多的煤矿监控瓦斯数据信息中识别出煤与瓦斯突出是突出预测的新方向,也是非接触式连续预测突出的新方向。识别是一个很广义的词,现实生活中识别是极普通的,随时都在发生的一件事。煤与瓦斯突出预测也是一样,根据监测数据信息预测煤与瓦斯突出危险也是模式识别。根据前面的研究,大量的煤与瓦斯突出危险信息都蕴含在瓦斯浓度监测数据序列之中,而这些信息(称为特征)必须经过特定的方法,用特定的验证手段才能提取出来,并且提取出来的特征要用合适核函数的支持向量机模型才能完成突出危险性的识别预测。显然,现有的接触预测法、临界量指标法、综合指数法都是难以胜任的,而这正是支持向量机所擅长的。

运用支持向量机预测煤与瓦斯突出是突出预报研究的一个新课题,是实现煤与瓦斯突出预测预报智能化和自动化的积极探索,尤其在瓦斯监控系统中能连续预报煤与瓦斯突出,具有很好的应用前景。其基本思路是对瓦斯监测监控系统中监测瓦斯浓度数据,运用不同的方法提取能有效识别煤与瓦斯突出危险的特征向量组成特征空间,选择合适的核函数支持向量机分类器,通过样本特征空间对历史样本实行训练学习,在充分训练学习基础上,对新的样本进行自动识别。该方法的技术关键在于特征向量的构造,即如何从监测数据中提取和选择能有效识别煤与瓦斯突出危险的特征向量。

6.5.2 煤与瓦斯突出的模式分析

煤与瓦斯突出机理十分复杂,影响因素很多。煤与瓦斯突出的全过程,一般可划分为三个阶段:即发动、发展和停止阶段。

(1) 发动阶段。该阶段的特点是:在煤与瓦斯突出地点附近的围岩中形成高的地应力,积聚了高的瓦斯能量,与地质构造带,软分层的分布有密切关系。在煤与瓦斯突出危险区达到极限应力破坏前,围岩应力梯度增高,瓦斯压力梯度增高。这个阶段瓦斯涌出量出现较大的波动,突出发生前兆阶段的时间可在很大范围内变化,也可在几分钟内完成。

在突出的发动阶段,由于外力作用(爆破、钻进等),使煤体应力状态突然改变,岩石和煤的弹性潜能迅速释放。当瓦斯压力梯度及释放的岩石和煤的弹性潜能足够大时,即可破坏煤体,激发突出。当其释放的能量不足,或者煤体较硬时,煤体只发生局部破坏,而不能破碎到突出的那种粉煤状态,突出就暂时不会发生,但煤体进入不稳定平衡状态。这一段时间内,外部常常表现为瓦斯涌出量忽大忽小等。

(2) 发展阶段。在突出的发展阶段,依靠释放的弹性能和游离瓦斯的膨胀能使煤体破碎，并由瓦斯流把碎煤抛出。随着碎煤被抛出，在突出空洞壁始终保持着一个较大的地应力梯度和瓦斯压力梯度，从而使煤的破碎过程由突出发动中心向周围发展。当出现下列任一情况时，突出即告停止：① 激发突出的能量已耗尽；② 连续放出的能量不足以粉碎煤；③ 突出孔道受阻碍，不能继续在突出空洞壁建立大的地应力梯度和瓦斯压力等。

(3) 停止阶段。突出停止后，碎煤及粉煤沉降，其中的瓦斯继续解吸并涌向巷道。

煤与瓦斯突出预测，尤其是根据瓦斯监测监控系统测得瓦斯数据序列进行实时预测，就是要识别掘进工作面的煤与瓦斯突出。实际上，对于一个待识别的监测样本数据序列，我们需要知道的是该序列是否蕴含着有或无突出危险的信息；要知道是否具有突出危险性。对于支持向量机分类识别来说，也就是需要设置两个类别：即有突出危险模式类和无突出危险模式类。而要判断突出危险性的规模大小，则需要运用基于熵权的未确知测度的模式识别方法来解决(本书不作讨论)。

从具有突出危险性的瓦斯监控系统监测到样本数据可以进行一系列变换和计算，例如小波变换、能量计算等。这些变换和计算结果值称为特征，各特征值的组合称为特征向量。模式就是用其所具有的特征来描述的。对一种模式与样本来说，将描述它们的所有特征用一特征集表示：

$$Q=\{q_1,q_2,\cdots,q_n\} \tag{6-42}$$

其中 Q 表示模式或样本的名称，$q_1(i=1,2,\cdots,n)$则表示它们具有的特征。显然，运用监测数据序列进行支持向量机分类，就需要对样本数据进行定量特征描述。定量描述就是用各种尺度对事物进行度量，由于对事物的度量是多方面的，因此要用合适的数据结构将它们记录下来，以便在同一个度量之间进行比较。这种将度量排成序的方法称为向量表示法。

煤与瓦斯突出支持向量机识别的定量特征采用的是向量表示法，称为特征向量。根据向量表示法，假设一个样本有 n 个变量（特征），则

$$X=(x_1,x_2,\cdots,x_p)^{\mathrm{T}} \tag{6-43}$$

煤与瓦斯突出支持向量机识别是一种新的方法，其基本原理是基于这样的认识：设一个研究对象的 n 个特征值分别为 $x_1,x_2,\cdots,x_p$。本书主要根据瓦斯监控系统监测的数据序列进行突出危险性识别，一个合理的假设是同类模式（例如有或无煤与瓦斯突出危险模式类）在特征空间相距很近，不同类的模式相距很远。换言之，相距很近的模式，它们的特征相差也不大。对某对象的分类识别实际上是对它的模式即它的特征矢量进行分类识别。各种不同取值的特征值的全体构成了 n 维空间，这个 n 维空间称为特征空间，可记为 Ω。特征矢量 X 便是特征空间中的一个点，称为特征矢量，即特征向量有时也称为特征点。把每一个因素看作一个向量的元素，如果用某种方法分割空间，使得同一类模式绝大部分在特征空间的同一区域中，对于待分类的模式，就可根据它的特征向量在特征空间的哪一个区域而判定它属于哪一类模式。支持向量机的任务是用某种不同的方法划分特征空间，使得同类模式位于一个区域。

6.5.3 煤与瓦斯突出危险模式的相似性度量

设有样本集 $X=(x_1,x_2,\cdots,x_n)$，模式识别按某种相似性把 X 分类，根据实际情况，应把样本集分为两类：有煤与瓦斯突出危险性和无煤与瓦斯突出危险性。一个特征向量，对应特征空间中的一个点。如果模式的特征选择适当，各维特征对于分类来说都是有效的，那么同类样本就会密集地分布在一个区域里，不同类的模式样本就会远离。然后通过选择适当核函数的支持向量机，就能把这两类样本分开，达到预测煤与瓦斯突出与否的目的。

6.5.4 基于 SVM 的煤与瓦斯突出分类的设计概述

煤与瓦斯突出支持向量机分类识别系统由图 6-8 所示的结构框图组成,一般由样本获取、预处理、特征提取选择、学习以及分类组成。从支持向量机分类识别的技术途径来说,由模式空间经过特征空间到类型空间的转换是支持向量机分类识别所经历的过程。支持向量机分类识别器设计在学习训练过程中完成。

利用样本进行训练,确定支持向量机分类识别器的具体参数。而分类决策在识别过程中起作用,通过对提取的特征量的判别,对待识别的样本进行分类决策。

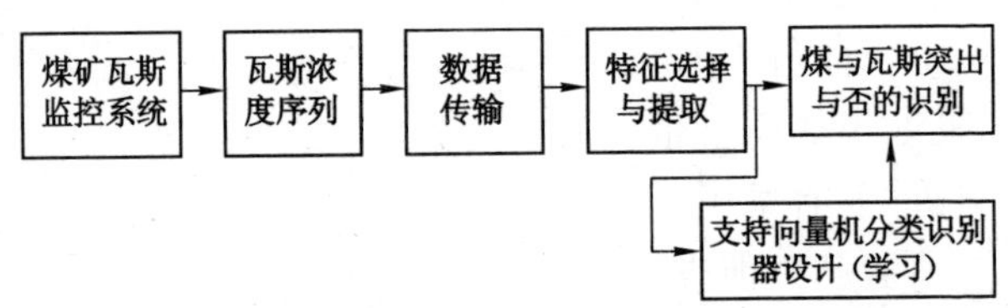

图 6-8　支持向量机识别系统

煤与瓦斯突出支持向量机分类识别系统应包括两个过程,首先是根据生成的特征向量完成煤与瓦斯突出支持向量机分类识别器的设计和训练,然后对待识别样本用训练好的煤与瓦斯突出支持向量机分类识别器进行煤与瓦斯突出危险模式识别。

6.5.5 煤与瓦斯突出支持向量机识别的特征空间构造

6.5.5.1 煤与瓦斯突出特征选择和提取的方法

要从样本中获取煤与瓦斯突出信息,并识别突出危险,需要借助于样本数据的某些数学特征,比如监测数据序列的最大值、最小值、统计平均值、方差、平均化指标、差分化指标等,这些数学特征值就构成了识别煤与瓦斯突出危险的模式特征向量。描述样本序列性质的特征非常多,显然这些特征的选择是很重要的,它强烈地影响到突出危险性支持向量机识别的性能。因此，特征选择是支持向量机识别中的一个关键问题。

煤与瓦斯突出危险性识别的特征提取和选择的基本任务是如何从监测数据序列的许多数学特征中找到那些对识别突出危险最有效的特征。由于能获得的样本数量不会很多，尤其是获得到足够的具有突出危险发生或显著突出发生前兆的样本十分不易，要从有限的监测样本数据序列中得到对分类识别有效的特征向量，通常需要经过下面两个步骤：

(1) 特征提取

煤与瓦斯突出危险性识别的特征向量是通过对样本数据序列进行数学特征计算得来的。主要有：

① 样本数据的时域或基于时序建模的特征；

② 基于样本数据的常规谱分析特征；

③ 基于时-频分析的特征；

④ 分形与混沌特征；

⑤ 小波变换特征。

通过以上的特征计算，实现样本数据的特征化，找到了实现煤与瓦斯突出危险性的支持向理机识别的途径。

(2) 特征选择

通过数学方法对样本数据进行特征化，往往生成了数目庞大的特征量，但有的特征量对突出危险性识别的作用微乎其微，如果加在模式特征向量里，不仅没有作用，反而对识别是有害的。特征选择的目的就是通过一定的方法剔除这些特征。换言之，特征选择是从一组特征中挑选出一些最有效的特征以达到降低特征空间维数的目的。

6.5.5.2　煤与瓦斯突出危险性支持向量机识别的特征向量计算

1. 监控信号的时域特征计算

时域信号在时间域是完全局部化的，能准确直观地反映出突出危险相关的各种监测信号瞬间的变化过程。为了能对煤与瓦斯突出危险状态有正确认识，必须对瓦斯浓度数据序列进行特征分析，提取对突出危险识别最有利的特征。

设 $x(t), t=1,2,\cdots,N$ 为瓦斯浓度信号，表 6-1 给出常见的时域特征指标，它们是支持向量机识别中常用的特征，表中各特征值采用 MATLAB7.0 编程计算。

峭度 K 反映信号中的瞬间变化现象，如突变和尖脉冲，是综合评价信号的非平稳性。瓦斯信号的峭度值对突出等瞬变现象非常敏感，K 值越小，信号越平稳；K 值越大，信号突变越烈。对于正弦信号（不论其幅值如何）或高斯随机信号峭度值为常数。采用峭度 K 作为瓦斯状态监测指标具有与环境条件无关的优点。

偏度 S 代表信号幅值统计分布的对称性，当分布以均值为中心且对称时，$S=0$；当分布中心小于均值时，$S<0$；当分布中心大于均值时，$S>0$。

根据表 6-1 确定的时域特征内容及计算方法，用自编的 MATLAB7.0 程序对恩洪煤矿瓦斯浓度序列分别进行特征值的计算。表 6-2 是 8 个样本的计算结果。

表 6-1　　瓦斯涌出量监测序列时域特征计算式

序号		名称	定义及表达式
1	位置特征	幅值和	$\sum x_i$
2		幅值平方和	$\sum x_i^2$
3		幅值平方平均值	$\sum x_i^2/n$
4		算术均值	$\bar{x} = \frac{1}{N}\sum x_i$
5		修正样本均值	剔除 2% 最大值和最小值后的修正平均值
6		峰值	$\hat{x} = x_{\max}$ or $x_{\min}$

续表 6-1

序号		名称	定义及表达式
7	离散特征	中位数	样本 50% 分位数
8		脉冲因子	$I = \frac{\hat{x}}{\overline{x}}$
9		方差	$\delta^2 = \frac{1}{N-1}\sum(x_i - \overline{x})^2$
10		均方根	$x_{\mathrm{rms}} = \sqrt{\frac{\sum(x_i - \overline{x})^2}{N}}$
11		峰值因子	$C = \frac{\hat{x}}{x_{\mathrm{rms}}}$
12		样本极差	$P = x_{\max} - x_{\min}$
13		平均绝对偏差	$s = \frac{\sum \quad x - \overline{x}}{n-1}$
14		样本偏度	$S = \frac{1}{N}\sum_{i=1}^{N}\frac{(x_i - \overline{x})^3}{\delta^3}$
15	其他特征	二阶中心矩	$E(x-\mu)^k$
16		峭度	$K = \frac{1}{N}\sum_{i=1}^{N}\frac{(x_i - \overline{x})^4}{\delta^4}$
17		差分化平均值	$\mathrm{abs}(x(1,j) - x(1,j+1))$
18		差分化最大值	$\mathrm{abs}(x(1,j) - x(1,j+1))$ 的最大值
19		组合特征	上述特征参数的各种组合

表 6-2　　瓦斯涌出量监测序列时域特征计算结果

名称	36 h 内发生煤与瓦斯突出				正常情况			
	下顺槽				下顺槽	煤柱回风		
	12.03	11.26	12.18	12.23	08.27	12.03	12.18	12.22
幅值和	420.40	519.61	283.02	378.03	95.26	491.30	276.95	552.81
幅值平方和	702.88	326.10	109.86	316.97	15.20	253.16	116.29	284.59
幅值平方均值	1.171 5	0.362 3	0.140 7	0.396 2	0.023 0	0.263 7	0.176 2	0.263 5

续表 6-2

名 称	36 h内发生煤与瓦斯突出				正常情况			
	下顺槽				下顺槽	煤柱回风		
	12.03	11.26	12.18	12.23	08.27	12.03	12.18	12.22
算术均值	0.700 7	0.577 3	0.362 4	0.472 5	0.144 3	0.511 8	0.419 6	0.511 9
修正样本均值	0.705 9	0.575 2	0.360 5	0.453 1	0.142 9	0.511 0	0.419 5	0.511 1
峰值	3.380 0	1.310 0	0.550 0	3.630 0	0.420 0	0.670 0	0.470 0	0.610 0
中位数	0.410 0	0.530 0	0.360 0	0.380 0	0.130 0	0.500 0	0.420 0	0.510 0
脉冲因子	4.824 0	2.269 0	1.517 7	7.681 9	2.909 9	1.309 2	1.120 1	1.191 7
方差	0.681 7	0.029 0	0.009 4	0.173 1	0.002 2	0.001 8	0.000 1	0.001 5
均方根	0.824 9	0.170 3	0.096 7	0.415 8	0.046 9	0.042 4	0.010 8	0.038 9
峰值因子	4.097 2	7.691 0	5.689 4	11.702	8.956 9	15.786 6	43.512 0	15.680 8
样本极差	3.380 0	1.310 0	0.550 0	3.630 0	0.360 0	0.310 0	0.070 0	0.170 0
平均绝对偏差	0.508 5	0.116 6	0.064 1	0.161 5	0.032 6	0.038 4	0.007 6	0.033 7
样本偏度	2.606 4	1.724 5	−1.698	5.830 1	2.134 3	0.304 9	0.774 9	0.103 0
二阶中心矩	0.680 5	0.029 0	0.009 3	0.172 9	0.002 2	0.001 8	0.000 1	0.001 5
峭度	8.026 3	5.872 2	8.383 5	38.511	8.656 6	2.023 8	3.884 5	1.857 0
差分化平均值	0.029 5	0.016 5	0.009 1	0.036 0	0.021 1	0.004 3	0.003 4	0.005 0
差分化最大值	2.650 0	0.580 0	0.260 0	3.480 0	0.240 0	0.110 0	0.030 0	0.030 0

2. 监测信号的频域特征计算

监测信号的频域成分能较敏感地反映系统运行状态变化的动态信息，以其作为识别特征，是人样普遍采用的经典方法。表 6-3 给出了常用的频谱特征、计算方法及特征表述。采用 MATLAB7.0 程序进行计算。

根据表 6-3 确定的谱特征内容及计算方法，用编制好的 MATLAB7.0 程序对恩洪煤矿瓦斯浓度序列分别进行特征值的计算。表 6-4 是 8 个样本的计算结果。

表 6-3　　常用谱特征计算式

序号	名称	定义及表达
1	总功率谱和	$G_t = \int_t s(f)\mathrm{d}f$，$s(f)$ 为序列功率谱密度函数
2	频率均值	$f_m = \int_{-\infty}^{+\infty} x(t)\mathrm{e}^{-\omega t}\mathrm{d}t$
3	频率散度	$B = \sqrt{\frac{4\pi}{E_x}\int_{-\infty}^{+\infty}(f - f_m)^2 \mid X(f) \mid ^2 \mathrm{d}f}$
4	谱峰及对应频率	$G_{\max} \leftrightarrow f_{G\max}$
5	组合特征	上述特征参数的各种组合

表 6-4　　瓦斯涌出量监测序列常用谱特征计算结果

名 称	36 h 内发生煤与瓦斯突出				正常情况			
	下顺槽				下顺槽	煤柱回风		
	12.03	11.26	12.18	12.23	08.27	12.03	12.18	12.22
总功率谱和	0.851 6	0.225 7	0.133 4	7.073 3	0.059 7	0.087 3	0.058 4	0.092 0
谱峰最大值	57.794 9	54.582 1	21.764 5	68.777 7	3.776 0	44.025 1	29.957 2	45.505 9
频率最大值	0.002 4	0.000 9	0.000 0	0.023 4	0.000 5	0.000 0	0.000 0	0.000 1

3. 小波域的特征计算

对瓦斯监控系统监测的瓦斯浓度数据序列进行小波变换、分解后，可以在不同的尺度上得到一系列的变换系数，这些系数完备地描述原始监测数据序列的信号特征，可以用作突出危险支持向量机识别的特征子集。利用小波变换结果进行特征表示的方法也有许多种，通常分为两种：一是直接以小波系数作为模式识别特征；二是以小波系数的某些映射值或数学特征值作为模式识别的特征。

以各尺度下小波系数的数学特征值作为特征向量得到了广泛的运用，最常用的是统计特征及能量特征。选择哪些特征最有利于识别，应根据监测突出的瓦斯浓度数据序列的特点来确定，主要有：

(1) 以小波系统的统计信息作为特征。采用分别计算各个尺度下小波系数的某些统计特征。

平均值：

$$\overline{C}_j = \frac{1}{2^j} \sum_{k-1} C_{jk} \tag{6-44}$$

式中，j 为小波分解的尺度值；C_{jk} 为第 j 尺度下的小波分解系数；k 表示第 k 个分解系数。

绝对平均值：

$$\overline{C}'_j = \frac{1}{2^j} \sum_{k-1} |C_{jk}| \tag{6-45}$$

Willison 幅值数：

$$M_j = \sum_k \operatorname{sgn}(|C_{jk} - C_{jk+1}|) \tag{6-46}$$

过零数：

$$z_j = \sum \operatorname{sgn}[(-C_{jk} - \theta_j)(C_{jk+1} - \theta_j)] \tag{6-47}$$

式中，θ_j 表示坐标原点的纵轴值。

分频带平均频率：

$$F_j = \frac{\sum_{k=1} F_{jk} P_{jk}}{\sum_{k=1} F_{jk}} \tag{6-48}$$

式中，P_{jk} 为各尺度小波系数的功率谱，F_{jk} 为功率谱对应的频率。

小波系数的这种统计特征生成方法计算简单，构造的特征维数低，存储及运算量小，速度快，在工程中具有广泛应用。

(2) 分尺度平均能量特征

这种方法生成的也是一种统计特征，经小波变换的各尺度细节系数的平方和与和趋势系数的平方和作为特征参数：

$$E_j = \frac{1}{2^j}\sum_{k-1} P_{jk} \tag{6-49}$$

式中，P_{jk} 为各尺度小波系数的功率谱。

选择小波系数的部分统计特征和能量特征组成煤与瓦斯突出危险性支持向量机识别的特征向量，它们分别是平均值、绝对平均值、Willison 幅值数、过零数、分频带平均频率和平均能量。取第 3 层小波分解的低频系数和第 3 层的高频系数分别计算各特征值，仍然用 MATLAB7.0 编程计算。计算结果如表 6-5 所示。

表 6-5　　瓦斯涌出量的小波系数统计特征计算值

		36 h内发生突出				正常情况			
		11.26	12.18	12.23	12.03	08.27	12.03	12.18	12.22
平均值	低频系数	1.727 9	1.060 9	1.356 3	1.897 4	0.441 2	1.438 6	1.187 3	1.441 8
	高频系数	−0.001 9	−0.003 6	−0.017 4	−0.012 7	−0.003 4	−0.000 2	−0.000 2	−0.000 4
绝对平均值	低频系数	1.727 9	1.062 3	1.695 3	1.897 4	0.441 2	1.438 6	1.187 3	1.441 8
	高频系数	0.026 6	0.020 4	0.117 5	0.067 2	0.022 1	0.007 7	0.005 1	0.008 2
差分最大值	低频系数	0.867 6	1.204 0	7.166 2	6.779 3	0.305 2	0.135 4	0.065 3	0.099 4
	高频系数	0.318 8	0.272 2	2.740 0	1.366 0	0.275 8	0.082 8	0.022 1	0.041 3
过零数	低频系数	0	4.0	0	0	0	0	0	0
	高频系数	72.0	56.0	60.0	40.0	52.0	77.0	49.0	74.0
总功率谱和	低频系数	1.122 6	0.483 2	5.771 2	50.011	0.118 2	0.660 9	0.484 5	0.718 1
	高频系数	0.090 0	0.022 9	1.579 1	1.402 2	0.034 4	0.002 6	0.001	0.005 0
谱峰最大值	低频系数	204.36	74.127 3	116.412 5	351.291 3	10.558 7	175.824	88.389 8	204.183
	高频系数	0.010 1	0.003 1	0.210 3	0.170 0	0.006 4	0.000 5	0.000 1	0.000 6
平均绝对偏差	低频系数	0.442 7	0.205 7	0.434 0	1.271 8	0.116 4	0.110 1	0.019 9	0.094 5
	高频系数	0.026 6	0.021 0	0.110 0	0.071 9	0.022 0	0.007 7	0.005 1	0.008 2
样本偏度	低频系数	1.490 3	−1.146 9	6.178 9	2.862 0	1.393 1	0.354 8	0.837 0	0.166 4
	高频系数	−0.486 0	−3.632 7	−3.230 0	−1.931 4	−0.557 6	−0.757 0	−0.051 5	0.687 1

续表 6-5

		36 h内发生突出				正常情况			
		11.26	12.18	12.23	12.03	08.27	12.03	12.18	12.22
2阶中心矩	低频系数	0.353 6	0.081 7	0.951 1	4.785 4	0.023 8	0.014 5	0.000 7	0.011 7
	高频系数	0.002 4	0.002 3	0.106 4	0.040 9	0.001 1	0.000 1	0.000 0	0.000 1
峭度	低频系数	3.948 1	6.758 8	48.734 4	9.441 2	3.791 2	1.711 1	3.539 9	1.745 1
	高频系数	15.226 1	24.560 9	28.205 1	22.809 4	8.432 1	11.542 2	2.447 1	5.035 4

4. 分形与混沌特征生成

根据第 4 章的分析，掘进工作面的瓦斯浓度数据序列是复杂的非线性混沌序列。在突出工作面与非突出工作面生产的不同时期序列的混沌程度是不一样的，其混沌特征量也是有差别的，这些混沌特征是可以作为煤与瓦斯突出危险性识别参量的。常用的分形与混沌特征量主要有：

(1) Lyapunov 指数。混沌运动的基本特点是运动对初值条件极为敏感。两个很靠近的初值所产生的轨道，随时间推移以指数方式分离，Lyapunov 指数就是定量描述这一现象的量。

(2) 分形维数。奇怪吸引子是轨道在相空间中经过无数次靠拢和分离，来回拉伸和折叠形成的几何图形，具有无穷层次的自相似结构。由于耗散系统运动在相空间的收缩，使奇怪吸引子维数小于相空间的维数。因此奇怪吸引子的几何性质，可以通过研究它的空间维数来确定。由于其组成部分与整体有某种方式的相似，称为分形，分形的特点是分维数。

描述奇怪吸引子分形特征的分数维有很多，常见的有关联维、自相似维、盒维、信息维等，本章采用最常见的关联维作为识别特征。

可以作为突出危险模式识别的分形与混沌特征量比较多，主要有各种分形维、Lyapunov 指数、各种熵等，本书只选用了常用的关联维和 Lyapunov 指数来构造特征向量空间，采用 MATLAB7.0 自编程序计算。研究结果参见表 4-1。

6.5.6 煤与瓦斯突出支持向量机识别的类别可分离性判据

特征选择与提取的任务是求出一组对分类最有效的特征，我们需要一个定量的准则(或判据)来衡量从样本中提取的特征对分类识别的有效性。也就是说，把一个高维空间变换为低维空间的映射是很多的，可以采用核函数。从 M 个原始特征中选择出的 m 个特征的各种可能组合也是很多的，哪种组合的分类效果最好，也要有一个比较标准。目前，常用的一些判据主要有：用于类别可分性判据的类内类间距离，基于概率分布的概率距离及基于熵函数的熵分离度量等。

概率距离度量及熵分离度量都需要知道各类的概率分布密度，就煤与瓦斯突出危险性识别而言，要从样本中估计突出危险与否的概率分布密度是困难的；另外也不清楚某煤矿区域煤与瓦斯突出危险发生的概率分布密度是属于哪种参数形式(如指数分布、威尔布分布等)，无法进行计算。熵分离度量计算更复杂，需要计算空间每一点的熵函数。类内类间距离虽然没有考虑各类的概率分布，不能确切表明各类交叠的情况，但其计算简单，直观概念清楚，各类样本可以分开是因为它们位于特征空间中的不同区域，显然这些区域之间距离越大类别可分性就越大。

因此，依据上述分析，煤与瓦斯突出危险识别的判据选择距离度量是合适的。

多维空间中两个向量之间有很多距离度量，本章选择常用的欧氏距离作为煤与瓦斯突出危险性识别的类内类间可分离性判据。

对煤与瓦斯突出危险性识别可分为有突出危险性和无突出危险性两个类别，设为 ω_1 和 ω_2，设 X_k^1、X_l^2 分别为有突出危险类 ω_1

中第 k 个样本和无突出危险类 ω_2 中第 l 个样本的 M 维特征向量，$d(X_k^1, X_l^2)$ 为这两个向量之间的欧氏距离，则两类特征向量之间的平均距离为：

$$J_d(X) = \frac{1}{2}\sum_{i=1}^{2} p_i \sum_{j=1}^{2} p_j \frac{1}{n_1 n_2}\sum_{k=1}^{n_1}\sum_{l=1}^{n_2} d(X_k^1, X_l^2) \tag{6-50}$$

式中，n_1 为有突出危险 ω_1 类的样本数；n_2 为无突出危险 ω_2 类的样本数；P_i、P_j 是相应类别的先验概率，在这里都令为 1。

根据欧氏距离计算：

$$d(X_k^1, X_l^2) = (X_k^1 - X_l^2)(X_k^1 - X_l^2)^{\mathrm{T}} \tag{6-51}$$

若用 M_i 表示第 i 类样本集的均值向量，则：

$$M_i = \frac{1}{n_i}\sum_{k=1}^{n_i} X_k^i \tag{6-52}$$

用 M 表示所有各类的样本集总平均向量，则：

$$M = \sum_{i=1}^{L} p_i M_i \tag{6-53}$$

将式(6-50)、(6-51)、(6-52)代入式(6-49)得：

$$J_d(X) = \sum_{i=1}^{2} p_i\left[\frac{1}{n_i}\sum_{k=1}^{n_i}(X_k^i - M_i)(X_k^i - M_i)^{\mathrm{T}} + (M_i - M)(M_i - M)^{\mathrm{T}}\right] \tag{6-54}$$

令 $S_B = \sum_{i=1}^{2} p_i (M_i - M)(M_i - M)^{\mathrm{T}}$

$$S_W = \sum_{i=1}^{2} p_i \frac{1}{n_i}\sum_{k=1}^{n_i}(X_k^i - M_i)(X_k^i - M_i)^{\mathrm{T}}$$

则

$$J_d(X) = tr(S_B + S_W)$$

式中，S_B 为其类间离散度短阵，S_W 为类内离散度短阵。

特征选择的目的是把高维特征空间变换为低维空间，为了保证识别的有效性，需要一些准则来确定特征选择方法。采用按欧氏距离度量的特征选择方法是符合煤与瓦斯突出危险性识别特点和实际情况的。

基于欧氏距离测度的煤与瓦斯突出支持向量机识别特征向量选择法则是:在 M 维特征空间中选取 m 个特征,它应该使有或无突出危险两个类别的各样本间的平均距离 $J_d(X)$最大,即 $J_d(X)'=\max J_d(X)$。

实际运用中,通常利用 S_B 和 S_W 生成下列判据:

$$J_1(X)=tr(S_B+S_W)$$

$$J_2(X)=tr(\frac{1}{S_W}+S_B)$$

$$J_3(X)=\left|\frac{S_B}{S_W}\right|$$

$$J_4(X)=\frac{tr\,|S_B|}{tr\,|S_W|}$$

$$J_5(X)=\frac{|S_B+S_W|}{|S_W|}$$

在特征空间中,各类内模式较密集,不同模式相距较远时,我们知道分类就较容易,由上述各判据的构造可知,所算得的判据值也较大,因此选用 $J_1(X)$判据。

6.5.7 煤与瓦斯突出危险性支持向量机识别的特征选择方法

特征选择的任务是从一组数量为 M 的特征中选择出数量为 $m(M\geqslant m)$的一组最优特征。为此,有两个问题需要解决:一是选择的依据(选用我们已经确定的欧化距离测度标准),即选出使距离可分性度量值 $J_d(X)$最大的特征组来;二是要找一个较好的算法,以便在允许的时间内找到最优的那一组特征。

把所在可能的特征组合都算出并加以比较,选择最优特征组。在一般情况下,这是一个非常大的数,容易造成计算过大而无法实现。

搜索方法可以分为最优搜索方法和次优搜索方法。常见的最优搜索方法是分支定界法，分支定界法虽然比盲目穷举法效率高，但在煤与瓦斯突出危险性支持向量机识别中常常会出现计算量仍然太大而难以实现的情况，所以我们的目标是找到合适的次优搜索法。

目前，常用的次优搜索法主要有：单独最优的特征选择，增添特征法，剔减特征法，增 l 减 r 法（$l-r$ 法）。

(1) 单独最优的特征选择。它的基本思路是计算各特征单独使用时的判据值并以递减排序，选取前 m 个分类效果最好的特征。一般地说，即使各特征是统计独立的，这种方法选出的 m 个特征也不一定是取优的特征组合，所以这种方法不适合突出危险性识别。

(2) 增添特征法，也称为顺序前进法（SFS）。这是最简单的自下而上搜索方法，每次从未选入的特征中选择一个特征，使它与已经选入的特征组合一起时 $J_d(X)$ 值最大，直到特征数目达到预先指定的维数 m 为止。

SFS 法考虑了所选特征与已入选特征之间的相关性，比方法 (1) 要好，主要缺点是某特征一旦选入，即使后边的 $n-k$ 个特征的某个比它好，也无法把它剔除。

SFS 法每次只增加一个特征，它未考虑入选特征之间的统计相关性，而广义顺序法（GSFS 法）可以克服这个缺点。GSFS 法是每次增加 l 个特征，求 $J_d(X)$ 值并选最大。若已选入 k 个特征，此时每步有 C_{n-k}^{l} 个候选特征组合需要逐个计算，因而计算量变小，但比 SFS 法更可靠，是更局部的最优。该方法也无法剔除已选入的特征。

(3) 剔减特征法，也称为顺序后退法（SBS）。这是一种自上而下的搜索法，从全部特征开始每次剔除一个特征，所剔除的特征应使保留的特征组合的 $J_d(X)$ 值最大。由于该方法是在高维空间中计算的，因此计算量比方法(2)SFS 更大。

(4) 增 l 减 r 法($l-r$ 法)。为了克服方法(2)、(3)中的一旦某特征选入或剔除就不能再剔除或选入的缺点，可在选择过程中加入局部回溯。采用要第 k 步可先用 SFS 法一个个地加入新的特征到 $k+l$ 个特征，然后用 SBS 法一个个地剔除 r 个特征，直到找到最优组合。方法(4)克服了 SFS 和 SBS 法的缺点，代价是算法较复杂且计算量增大。

综上所述，SFS 和 SBS 法都未能充分考虑各特征间的统计相关性，而煤与瓦斯突出危险性支持向量机识别的特征量是根据样本数据计算得来的，是样本数据某一方面的数学特征值，这些特征值之间是存在一定的相关性的，这对计算结果会造成一定的影响，而($l-r$)法存在着计算工作量较大的缺点，这对突出预测将有较大的影响。因此根据突出识别性质和特点，选用广义顺序前进法(GSFS 法)，作为特征选择的搜索方法是比较适合的，它既考虑到了特征间的相关性，又不至于增加太多的计算量。采用 MATLAB7.0 自编程序计算。对表 6-2 的时域特征的计算结果进行相关性分析，结果见表 6-6。

表 6-6　　时域特征相关系数值

名称	幅值和 1	幅值平方和 2	幅值平方平均值 3	算术平均值 4	修正样本均值 5	峰值 6	中位数 7	脉冲因子 8	方差 9
1	1.000 0	0.577 0	0.373 7	0.821 2	0.816 0	0.209 9	0.930 8	−0.071 9	0.128 4
2	0.577 0	1.000 0	0.969 6	0.888 8	0.889 0	0.754 9	0.442 6	0.446 4	0.880 7
3	0.373 7	0.969 6	1.000 0	0.793 5	0.797 7	0.759 7	0.265 9	0.467 5	0.963 8
4	0.821 2	0.888 8	0.793 5	1.000 0	0.999 1	0.549 3	0.795 3	0.181 8	0.609 1
5	0.816 0	0.889 0	0.797 7	0.999 1	1.000 0	0.526 1	0.792 6	0.151 4	0.613 2
6	0.209 9	0.754 9	0.759 7	0.549 3	0.526 1	1.000 0	0.070 4	0.913 5	0.779 5
7	0.930 8	0.442 6	0.265 9	0.795 3	0.792 6	0.070 4	1.000 0	−0.235 2	0.009 5

续表 6-6

名称	幅值和1	幅值平方和2	幅值平方平均值3	算术平均值4	修正样本均值5	峰值6	中位数7	脉冲因子8	方差9
8	−0.071 9	0.446 4	0.467 5	0.181 8	0.151 4	0.913 5	−0.235 2	1.000 0	0.557 7
9	0.128 4	0.880 7	0.963 8	0.609 1	0.613 2	0.779 5	0.009 5	0.557 7	1.000 0
10	0.160 2	0.879 1	0.938 3	0.614 4	0.609 1	0.896 5	0.024 0	0.712 5	0.970 1
11	−0.116 0	−0.365 0	−0.333 2	−0.122 7	−0.116 4	−0.408 6	0.161 8	−0.422 3	−0.364 4
12	0.153 7	0.726 9	0.741 8	0.502 9	0.480 0	0.993 1	0.011 1	0.923 1	0.774 1
13	0.186 9	0.904 1	0.970 3	0.647 9	0.651 0	0.792 9	0.057 8	0.562 6	0.987 7
14	−0.043 3	0.354 7	0.350 3	0.139 1	0.109 7	0.794 0	−0.189 4	0.908 4	0.406 8
15	0.128 4	0.880 7	0.963 8	0.609 1	0.613 2	0.779 6	0.009 5	0.557 8	1.000 0
16	−0.143 6	0.102 3	0.097 2	−0.043 7	−0.082 8	0.716 5	−0.233 5	0.900 5	0.187 8
17	−0.159 0	0.472 7	0.521 2	0.138 6	0.116 2	0.869 5	−0.353 5	0.951 0	0.628 7
18	0.084 7	0.638 6	0.657 3	0.409 6	0.383 0	0.985 3	−0.053 7	0.962 6	0.711 8

名称	均方根10	峰值因子11	样本极差12	平均绝对偏差13	样本偏度14	二阶中心矩15	峭度16	差分化平均值17	差分化最大值18
1	0.160 2	−0.116 0	0.153 7	0.186 9	−0.043 3	0.128 4	−0.143 6	−0.159 0	0.084 7
2	0.879	−0.365 0	0.726 9	0.904 1	0.354 7	0.880 7	0.102 3	0.472 7	0.638 6
3	0.938 3	−0.333 2	0.741 8	0.970 3	0.350 3	0.963 8	0.097 2	0.521 2	0.657 3
4	0.614 4	−0.122 7	0.502 9	0.647 9	0.139 1	0.609 1	−0.043 7	0.138 6	0.409 6
5	0.609 1	−0.116 4	0.480 0	0.651 0	0.109 7	0.613 2	−0.082 8	0.116 2	0.383 0
6	0.896 5	−0.408 6	0.993 1	0.792 9	0.794 0	0.779 6	0.716 5	0.869 5	0.985 3
7	0.024 0	0.161 8	0.011 1	0.057 8	−0.189 4	0.009 5	−0.233 5	−0.353 5	−0.053 7
8	0.712 5	−0.422 3	0.923 1	0.562 6	0.908 4	0.557 8	0.900 5	0.951 0	0.962 6
9	0.970 1	−0.364 4	0.774 1	0.987 7	0.406 8	1.000 0	0.187 8	0.628 7	0.711 8
10	1.000 0	−0.461 7	0.900 0	0.978 9	0.547 4	0.970 1	0.386 6	0.763 8	0.843 6
11	−0.461 7	1.000 0	−0.476 6	−0.459 0	−0.190 5	−0.364 4	−0.274 7	−0.564 7	−0.404 3
12	0.900 0	−0.476 6	1.000 0	0.798 7	0.785 3	0.774 2	0.728 2	0.904 2	0.983 8

续表 6-6

名称	均方根10	峰值因子11	样本极差12	平均绝对偏差13	样本偏度14	二阶中心矩15	峭度16	差分化平均值17	差分化最大值18
13	0.978 9	−0.459 0	0.798 7	1.000 0	0.402 5	0.987 7	0.193 9	0.653 7	0.717 0
14	0.547 4	−0.190 5	0.785 3	0.402 5	1.000 0	0.406 9	0.804 7	0.859 3	0.830 2
15	0.970 1	−0.364 4	0.774 2	0.987 7	0.406 9	1.000 0	0.187 9	0.628 8	0.711 9
16	0.386 6	−0.274 7	0.728 2	0.193 9	0.804 7	0.187 9	1.000 0	0.775 8	0.812 3
17	0.763 8	−0.564 7	0.904 2	0.653 7	0.859 3	0.628 8	0.775 8	1.000 0	0.904 7
18	0.843 6	−0.404 3	0.983 8	0.717 0	0.830 2	0.711 9	0.812 3	0.904 7	1.000 0

从表 6-6 可以看出，各时域特征间都存在着一些相关性，有些相关性还非常严重，比如幅值和、幅值平方、各平均值之间以及幅值与各平均值之间。这说明这些信息存在冗余和重叠，如果直接用于设计支持向量机分类识别器，将严重影响分类识别器的性能，增加成本，所以需要进行精简压缩。采用本节确定的特征选择方法，即广义顺序前进法(GSFS)找到最优的特征组合。调用已编制好的 GSFS 计算程序对原始时域特征矩阵进行计算，计算时分别选择 1 个到全部特征，代入程序进行运算。根据计算，当特征数选择 6～8 时，有较好的分类效果，这样经过运用基于欧氏距离准则的广义顺序前进搜索法(GSFS)对时域特征的选择运算，得到样本的时域特征数为 7，它们分别是：方差、均方根、峰值因子、样本极差、平均绝对偏差、二阶中心矩、差分化最大值。

同理，用特征相关性分析程序对表 6-5 所示的小波域特征值进行特征相关性分析，发现有些特征间的相关性也比较大。也就是说，通过上面计算得到的原始特征空间的列矢量是非正交的，为了提高分类识别器的性能，需要进行特征压缩。仍采用本节确定的特征选择方法，即广义顺序前进法(GSFS)找到最优的特征组合是：低频部分的差分最大值、平均绝对偏差、2 阶中心矩和峭度，以及高频部分的峭度。

6.5.8 煤与瓦斯突出危险性支持向量机识别的复合特征构造

通过对时域特征、频谱特征、小波域特征的相关性分析及广义顺序前进法选择和提出对分类有益的特征向量共有 12 项，分别是：方差、均方根、峰值因子、样本极差、平均绝对偏差、二阶中心矩、差分化最大值，低频部分的差分最大值、平均绝对偏差、2 阶中心矩、高频部分的峭度、总功率谱和、最大 Ly 指数，它们的数值如表 6-7 所示。这些特征向量对分类是有效的。

表 6-7 煤与瓦斯突出与非突出的复合特征及支持向量机识别

名称	36 h 内发生煤与瓦斯突出				正常情况			
	下顺槽				下顺槽	煤柱回风		
	12.03	11.26	12.18	12.23	08.27	12.03	12.18	12.22
方差	0.681 7	0.029 0	0.009 5	0.173 1	0.002 2	0.001 8	0.000 1	0.001 5
均方根	0.824 9	0.170 3	0.097 3	0.415 8	0.046 9	0.042 4	0.010 8	0.038 9
峰值因子	4.097 2	7.691 0	5.68 9	8.729 3	8.957	15.787	43.512	15.681
样本极差	3.380 0	1.310 0	0.670 0	3.630 0	0.360 0	0.310 0	0.070 0	0.170 0
平均绝对偏差	0.508 5	0.116 6	0.064 5	0.161 5	0.032 6	0.038 4	0.007 6	0.033 7
二阶中心矩	0.680 5	0.029 0	0.009 5	0.172 9	0.002 2	0.001 8	0.000 1	0.001 5
差分化平均值	2.650 0	0.580 0	0.280 0	3.480 0	0.240 0	0.110 0	0.030 0	0.030 0
低频差分最大值	6.779 3	0.867 6	1.309 8	7.166 2	0.305 2	0.135 4	0.065 3	0.099 4
低频平均绝对偏差	1.271 8	0.442 7	0.206 7	0.434 0	0.116 4	0.110 1	0.019 9	0.094 5
低频 2 阶中心矩	4.785 4	0.353 6	0.082 1	0.951 1	0.023 8	0.014 5	0.000 7	0.011 7
高频峭度	22.809	15.226 1	29.248 6	28.205	8.432 1	11.542 2	2.447 1	5.035 4
总功率谱和	0.851 6	0.225 7	0.146 7	6.049 6	0.059 7	0.087 3	0.058 4	0.092 0
最大 Ly 指数	0.525 9	0.301 7	0.115 5	0.394 0	0.051 8	0.092 8	0.152 7	0.075 3
支持向量机识别	训练－1	训练－1	识别－1	识别－1	训练 1	训练 1	识别 1	识别 1

注：－1 代表煤与瓦斯突出；1 代表煤与瓦斯不突出。

6.6 支持向量机在常规煤与瓦斯突出识别中的应用

煤与瓦斯突出预测的基础是人们对突出过程及其影响因素的认识。国内外许多学者在广泛研究的基础上提出了多种预测的方法:单项指标法、瓦斯地质统计法、综合指标 D 与 K 法、钻屑指标法、钻孔瓦斯涌出初速度法、R 值综合指标法以及灰色预测法、球壳失稳法和电磁辐射法等。其中电磁辐射预测法能实现非接触预测,且无需打钻,省时省力,对生产影响小,费用较低,准确率较高。研究及应用情况表明,电磁辐射法预测冲击地压和煤与瓦斯突出等煤岩动力灾害危险性是可行的[141]。但是,影响煤层开采时煤与瓦斯突出的因素很多,且突出是一个复杂的动力学过程,它受到瓦斯、地应力和煤物理力学性质三个因素的综合作用,可能还有其他至今未被人们认识到的参量的影响,并且我国各地煤层赋存条件各异且非常复杂,用上述方法对其众多影响因素综合考虑后加以预测是比较困难的,且准确性也不够。

实际上,煤与瓦斯突出与其影响因素之间存在着复杂的非线性关系,采用支持向量机(SVM)进行煤与瓦斯突出预测,能减少人为的干扰,从而更具有客观性,并且具有极强的非线性逼近能力,能真实刻画出输入变量与输出变量之间的关系。

6.6.1 数据的采集及归一化

煤层可分两种,一种是煤与瓦斯突出,另一种是不突出(简称“无”)。在支持向量机(SVM)中,煤与瓦斯突出用 −1 表示,不突出用 1 表示,也可以相反表示。

本节以我国典型突出矿井的煤与瓦斯突出实例的五个影响因素作为学习样本,见表 6-8。

表 6-8　　　　煤与瓦斯突出实例原始数据

样本序号	放散初速度	坚固性系数	瓦斯压力/MPa	煤体破坏类型	开采深度（×10^2 m）	突出与否
1	19.00	0.31	2.76	3	6.20	突出
2	6.00	0.24	0.95	5	4.45	突出
3	18.00	0.16	1.20	3	4.62	突出
4	5.00	0.61	1.17	1	3.95	无
5	8.00	0.36	1.25	3	7.45	突出
6	8.00	0.59	2.80	3	4.25	突出
7	7.00	0.48	2.00	1	4.60	无
8	14.00	0.22	3.95	3	5.43	突出
9	11.00	0.28	2.39	3	5.15	突出
10	4.80	0.60	1.05	2	4.77	无
11	6.00	0.24	0.95	3	4.55	突出
12	14.00	0.34	2.16	4	5.10	突出
13	4.00	0.58	1.40	3	4.28	无
14	6.00	0.42	1.40	3	4.26	突出
15	4.00	0.51	2.90	5	4.42	突出
16	14.00	0.24	3.95	3	5.52	突出
17	4.00	0.53	1.65	2	4.38	无
18	6.00	0.54	3.95	5	5.43	突出
19	7.40	0.37	0.75	4	7.40	突出
20	3.00	0.51	1.40	3	4.00	无

支持向量机中物理量各不相同，数值相差甚远，所以必须将各输入量归一化，以防止小数值信息被大数值信息所淹没。一般方法是将各输入量归一化至[0,1]，但这并不是一种合适的方法，故适合的归一化应是将各输入量归至[0.10,0.90]区域内，建议采用

公式：$\frac{X-最小值}{最大值-最小值}\times 0.8+0.1$。突出类别的“是”与“否”采用－1和1表示。数据归一化后见表6-9。

表6-9　　　　归一化处理后的训练样本数据

样本序号	放散初速度	坚固性系数	瓦斯压力	煤体破坏类型	开采深度	突出状态	
1	0.900	0.367	0.603	0.500	0.614	－1	突出
2	0.250	0.242	0.150	0.900	0.215	－1	突出
3	0.850	0.100	0.212	0.500	0.253	－1	突出
4	0.200	0.900	0.205	0.100	0.100	1	无
5	0.350	0.456	0.225	0.500	0.900	－1	突出
6	0.350	0.864	0.613	0.500	0.169	－1	突出
7	0.300	0.669	0.413	0.100	0.249	1	无
8	0.650	0.207	0.900	0.500	0.438	－1	突出
9	0.500	0.313	0.510	0.500	0.374	－1	突出
10	0.190	0.882	0.175	0.300	0.287	1	无
11	0.250	0.242	0.150	0.500	0.237	－1	突出
12	0.650	0.420	0.453	0.700	0.363	－1	突出
13	0.150	0.847	0.263	0.500	0.175	1	无
14	0.250	0.562	0.263	0.500	0.171	－1	突出
15	0.150	0.722	0.638	0.900	0.207	－1	突出
16	0.650	0.242	0.900	0.500	0.459	－1	突出
17	0.150	0.758	0.325	0.300	0.198	1	无
18	0.250	0.776	0.900	0.900	0.438	－1	突出
19	0.320	0.473	0.100	0.700	0.889	－1	突出
20	0.100	0.722	0.263	0.500	0.111	1	无

6.6.2 用训练好的支持向量机预测煤与瓦斯突出

利用建立好的支持向量机模型预测煤与瓦斯突出的整个求解过程可分为两个阶段。首先是利用典型的煤与瓦斯突出实例对支持向量机模型进行训练和学习,确定影响突出及非突出与常规预测指标之间的非线性映射关系,获得求解知识。这个阶段至少需要两个实例,一个是突出实例,另一个是不突出实例,这一阶段在上一节已完成。学习结束后,将待预测煤矿工作面的输入指标值输入训练好的支持向量机模型,支持向量机模型自动将其识别,对煤与瓦斯突出状态作出预测[49,50]。

本书是以云南恩洪煤矿的煤与瓦斯突出实例为研究对象,选择了 8 个实例作为预测样本,见表 6-10,用于对模型的推理能力和预测效果进行检验,当支持向量机模型计算值大于等于 0 时,SVM 输出是 1,表示为不突出;当支持向量机模型计算值小于 0 时,SVM 输出是－1,表示为突出。表 6-11 为云南恩洪煤矿煤与瓦斯突出实例归一化后的数据及支持向量机模型的预测情况。

表 6-10　　云南恩洪煤矿煤与瓦斯突出实例

样本序号	放散初速度	坚固性系数	瓦斯压力/MPa	煤体破坏类型	开采深度($\times 10^2$ m)	突出强度/t
1	11	0.37	2.1	3	4.12	11
2	12.1	0.49	2.0	3	4.12	9
3	11.5	0.28	1.9	3	4.07	10
4	11.8	0.36	2.3	3	4.03	15
5	10.8	0.30	2.2	3	3.96	9
6	12.4	0.38	1.8	3	4.10	9.3
7	11.8	0.57	1.6	3	4.08	36.8
8	10.0	0.55	1.5	3	4.05	10.8

表 6-11　　云南恩洪煤矿煤与瓦斯突出实例归一化后的数据

样本序号	放散初速度	坚固性系数	瓦斯压力	煤体破坏类型	开采深度	SVM计算值	SVM预测	实际情况
1	0.500	0.473	0.438	0.5	0.139	−1.0000	−1	突出
2	0.555	0.687	0.413	0.5	0.139	−0.9184	−1	突出
3	0.525	0.313	0.388	0.5	0.127	−1.2564	−1	突出
4	0.540	0.456	0.488	0.5	0.118	−1.2395	−1	突出
5	0.490	0.349	0.463	0.5	0.102	−1.1714	−1	突出
6	0.570	0.491	0.363	0.5	0.134	−1.1758	−1	突出
7	0.590	0.829	0.313	0.5	0.130	−0.7851	−1	突出
8	0.450	0.793	0.288	0.5	0.123	−0.2780	−1	突出

根据本节的预测样本，其支持向量机模型计算值均小于0，支持向量机预测都是−1，都表示突出。从以上的输出结果可以看出，预测结果与实际是相符的。所以，证明了该方法能满足实际精度要求，便捷可行，具有一定的实用性。

6.6.3　支持向量机与神经网络方法及其他煤与瓦斯突出预测方法的比较

6.6.3.1　与神经网络方法比较

神经网络阈值初始化问题。神经网络阈值初始化问题一直是神经网络界的一个热点问题，通常采用的办法是在[0,1]之间随机均匀分布些较小值，这样往往有点盲目性，还有可能导致网络不收敛。而且神经网络存在局部极小值，难以发现最佳权重，隐层单元数的确定缺乏严格的理论依据，等等。虽然许多学者都提出了各种不同的改进BP算法，但都无法从本质上改变其固有不足。

SVM通过结构风险最小化原理来提高泛化能力，较好地解决了小样本、非线性、高维数、局部极小等实际问题，具有良好的分类识别效果。

6.6.3.2 与单项指标法和综合指标法比较

预测煤层突出危险性的单项指标可用煤的破坏类型、瓦斯放散初速度指标、煤的坚固性系数和煤层瓦斯压力等，采用该法预测时，各种指标的突出危险临界值应根据矿区实测资料确定，无实测资料时可参考表 6-12，只有当全部指标达到或超过其临界值时才可视该煤层为突出危险煤层。

表 6-12　　预测煤与瓦斯突出危险性的单项指标

煤层突出危险性	煤的破坏类型	瓦斯放散初速度 ΔP	煤的坚固性系数 f	煤层瓦斯压力 P/MPa
突出危险	Ⅲ、Ⅳ、Ⅴ	≥10	≤0.5	≥0.74
无突出危险	Ⅰ、Ⅱ	<10	>0.5	<0.74

预测煤层突出危险性的综合指标 D 与 K 法充分考虑了煤层开采深度、瓦斯压力和煤的物理力学特性对煤与瓦斯突出的影响，其计算公式如下：

$$D=(0.0075H/f-3)(P-0.74) \tag{6-55}$$

$$K=\Delta P/f \tag{6-56}$$

式中　D——煤层突出危险性综合指标；

K——煤层突出危险性综合指标；

H——开采深度，m；

P——煤层瓦斯压力，MPa；

ΔP——软分层煤的瓦斯放散初速度指标；

f——软分层煤的平均坚固性系数。

根据《防治煤与瓦斯突出细则》，判断煤与瓦斯突出危险性的综合指标临界值可参考表 6-13。

表 6-13　　预测煤与瓦斯突出危险性的综合指标

煤的突出危险性综合指标 K		煤的突出危险性综合指标 D
无烟煤	其他煤种	
20	15	0.25

表 6-14 单项指标法预测结果中,“有”表示煤层有突出危险,“无”表示煤层无突出危险。SVM 输出是 1,表示为不突出;SVM 输出是－1,表示为突出。

表 6-14　　SVM 及其他预测方法预测结果

样本序号	放散初速度 ΔP	坚固性系数 f	瓦斯压力 /MPa	煤体破坏类型	D	K	单项指标法	综合指标法	BP 预测	SVM 预测
1	11	0.37	2.1	3	4.79	20	有	有	有	－1
2	12.1	0.49	2.0	3	4.12	18.0	有	有	有	－1
3	11.5	0.28	1.9	3	1.4	16.8	有	有	有	－1
4	11.8	0.36	2.3	3	2.4	14.2	有	无	有	－1
5	10.8	0.30	2.2	3	2.8	19.4	有	有	有	－1
6	12.4	0.38	1.8	3	4.7	17.5	有	有	有	－1
7	11.8	0.57	1.6	3	3.9	16.1	无	有	有	－1
8	10.0	0.55	1.5	3	1.8	20.5	无	有	有	－1

从表 6-14 可以看出,单项指标法和综合指标法均与实际不完全吻合,其原因是它们不能完全反映煤层煤与瓦斯突出的诸多复杂的影响因素,虽然神经网络预测方法预测结果与 SVM 的预测结果相同,都与实际相符合。但神经网络在训练中存在不收敛和过拟合的问题,以及需要有较多的先验知识和足够的学习样本。而 SVM 模型对具有少样本的煤与瓦斯突出具有很好的适应性,更加准确。

此外，由于影响煤与瓦斯突出的因素非常复杂，采用某一单一的方法预测煤与瓦斯突出是不够的，需要经多种预测方法的综合评定，相互比较分析，才能得出较合理的预测结果。因此，我们在处理煤与瓦斯突出危险性问题时，需用多种方法进行相互对比才能得出合理的结果。

6.7 本章小结

（1）针对目前突出危险性预测中存在的问题和不足，提出了运用支持向量机的方法来识别掘进工作面监测信息中的突出危险性。实践证明它是完全可行的。

（2）研究了突出危险性支持向量机识别的核函数的构造原理和算法，核函数能有效克服维数灾难，提出了混合核函数及构造混合核函数的方法。从理论上分析论证突出危险性支持向量机识别的基本原理、识别过程和实现的方法。

（3）针对突出危险性支持向量机识别的关键问题和难点，得出了支持向量机识别的特征选择和特征提取方法。根据突出与非突出工作面监测的瓦斯浓度数据的性质和特点，从样本的时域、频域、小波域和分形与混沌指标中提取识别突出危险的特征指标，得出了煤与瓦斯突出危险性识别特征的类型和具体的特征指标，用来构造煤与瓦斯突出及非突出支持向量机识别的特征向量空间。

（4）对煤与瓦斯突出与非突出的采煤工作面的监测瓦斯浓度的时域特征向量、频域特征向量、小波域特征向量、分形与混沌特征向量及复合特征向量，用训练好的支持向量机模型进行突出危险性的识别预测，结果表明：支持向量机模型识别器中具有较好的识别预测效果。

（5）支持向量机在常规煤与瓦斯突出预测中的应用。收集了20个国内典型的煤与瓦斯突出实例，用这些突出实例数据训练支持向量机模型，训练后该模型具有预测常规指标的煤与瓦斯突出的能力。并将训练好的支持向量机模型应用于云南恩洪煤矿的煤与瓦斯突出实例，支持向量机预测结果与实际完全相符合。检测结果表明了支持向量机模型也适用于在常规指标中预测煤与瓦斯突出。

(6) 将支持向量机预测方法与其他煤与瓦斯突出预测方法作了比较，结果表明采用支持向量机方法进行煤与瓦斯突出预测，支持向量机通过结构风险最小化原理来提高泛化能力，较好地解决了小样本、非线性、高维数、局部极小等实际问题，具有良好的分类识别效果，取得了更好的预测结果。

7 支持向量机识别煤与瓦斯突出系统的开发与应用

开发了在线非接触式预测掘进工作面煤与瓦斯突出的支持向量机识别系统，并已经成功地应用于云南省师宗县大舍煤矿。本章就系统的结构框架、软件设计和应用情况作简单的介绍。

7.1 支持向量机识别煤与瓦斯突出的功能需求

支持向量机识别煤与瓦斯突出系统具有以下功能：

(1) 完成瓦斯浓度数据的在线实时输入。目前绝大部分煤矿都装备了瓦斯监测监控系统，煤矿井下的各掘进工作面、采煤工作面都安装了瓦斯传感器，监控系统通过专门的信号线将井下瓦斯信息传输到地面上的监控机，然后监控机和联网机通过 TCP/IP 连通，联网机通过 Internet 向外传输信息，最后通过安装自编的数据接收软件，就可以远程接收该煤矿的瓦斯监测监控系统所监测的各种数据。

(2) 安装好自编的数据接收软件，然后自动输入该煤矿的实时数据，采用支持向量机方法，自动连续预测掘进工作面是否发生煤与瓦斯突出。

(3) 生成显示存储预报结果。

(4) 系统可在流行的 Windows 环境下 24 h 连续运行。

7.2 支持向量机在电磁辐射仪预测煤与瓦斯突出中的应用

7.2.1 KBD7 电磁辐射监测仪简介

煤岩电磁辐射是煤岩体受载变形破裂过程中向外辐射电磁能量的一种现象，与煤岩体的变形破裂过程密切相关。电磁辐射信息综合反映了煤与瓦斯突出、冲击地压等煤岩动力灾害现象的主要影响因素，电磁辐射强度主要反映了煤岩体的受载程度及变形破裂强度，脉冲数主要反映了煤岩体变形及微破裂的频次。王恩元教授[142]开发并申请到了专利的 KBD7 煤岩动力灾害电磁辐射监测仪，可与 KJ 煤矿安全监测系统联网运行。实现了非接触、定向及区域性（空间上）预测预报煤与瓦斯突出、冲击地压等煤岩瓦斯动力灾害。

KBD7 煤岩动力灾害电磁辐射监测仪如图 7-1 所示，实现了非接触、定向、区域性及连续动态监测。预测方法为临界值法预报和动态趋势法预报。

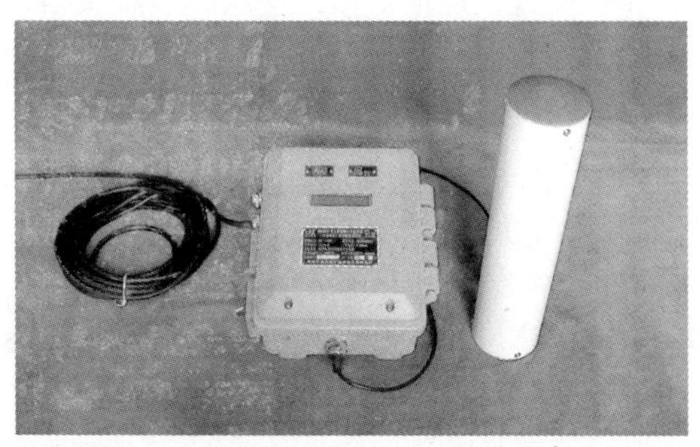

图 7-1 KBD7 电磁辐射监测仪

（可与 KJ 系列煤矿安全监测系统联网监测，也可单独运行进行远程监测）

电磁辐射技术已经在煤与瓦斯突出、冲击矿压等矿井煤岩动力灾害预测和预报实践中进行了较多的应用，预警技术是该技术得以广泛推广应用的关键，也是现场管理人员最为关注的问题之一。预警技术包括两方面的内容：一是预警指标；二是预警准则。由于矿井煤岩动力灾害的复杂性，不同矿区、不同作业地点煤岩动力灾害所表现出的前兆电磁辐射特征不尽相同，这就使得煤岩电磁辐射预警技术，尤其是预警准则的确定比较困难[143]。

7.2.2 支持向量机在 KBD7 电磁辐射监测仪中的应用

云南省师宗县大舍煤矿的采六队掘进工作面安装了一台 KBD7 煤岩动力灾害电磁辐射监测仪。它以大舍煤矿的 KJ90 瓦斯监测监控系统作为通信平台，监测及数据处理主机挂接到 KJ90 分站，通过终端机的 KBD7 实现煤岩动力灾害的数据采集，监测的电磁辐射信号经 KJ90 监测系统传送到地面监测中心。

地面监测中心能实时显示电磁辐射仪所测的电磁辐射强度和脉冲数，根据电磁辐射强度和脉冲数来预测工作面是否发生煤与瓦斯突出。但是由于大舍煤矿监测中心的职工文化水平不高，不能有效地识别电磁辐射强度和脉冲数所反映的煤与瓦斯突出及非突出信息，因此特别需要根据 KBD7 煤岩动力灾害电磁辐射监测仪所测数据，能自动连续地识别煤与瓦斯突出及非突出的方法。

支持向量机识别技术能有效地解决上述问题。支持向量机是 Vapnik 提出的一种新型机器学习方法，它具有完备的统计学习理论基础和出色的学习性能，已经成为当前机器学习界的研究新热点。支持向量机的突出特点是采用结构风险最小化(Structural Risk Minimization，SRM)学习原则，可以从根本上提高学习机的泛化能力，同时，它将优化问题转化为求解一个凸二次规划的问题，二次规划所得的解是唯一的全局最优解，这样就不存在一般神经网络的局部极值问题。而且，它巧妙地解决了维数问题，使得其算法的复杂度与样本维数无关。另外，采用这种方法能有效避免确定电磁辐射强度和脉冲数临界值难的问题。

通过接收掘进工作面有发生煤与瓦斯突出动力现象及前 24 h 内的电磁辐射强度和脉冲数，以及没有发生煤与瓦斯突出动力现象的电磁辐射强度和脉冲数；选择与提取特征向量后训练支持向量机；最后支持向量机系统通过在线接收 KBD7 煤岩动力灾害电磁辐射监测仪所测数据，实时连续识别煤与瓦斯突出及非突出。大舍煤矿监测中心的职工通过支持向量机系统可识别、显示、储存、查寻煤与瓦斯突出及非突出的结果。

7.3 支持向量机预测煤与瓦斯突出系统设计

基于煤矿监控系统的支持向量机预测煤与瓦斯突出系统主要包括数据传输模块、支持向量机预测模块、显示存储预报结果模块等几个方面。

7.3.1 数据传输模块

7.3.1.1 TCP/IP 协议

TCP/IP 协议(Transmission Control Protocol/Internet Protocol)[144-147]是计算机网络通信采用的事实标准，是当前最成熟、应用最广泛的 Internet 通信技术。TCP/IP 模型也是一种层次结构，是开放系统互联网参考模型(Open System Interconnection / Reference Model)七层模型的简化，共分为 4 层，分别为应用层、传输层、互联网层以及网络接口层。各层实现特定的功能，提供特定的服务和访问接口，并具有相对的独立性。TCP/IP 协议采用分组交换技术(Packer Switching)来实现网络通信，通过为网上的每台主机分配一个唯一的 32 位 IP 地址，通信时 IP 协议负责寻址和发送路由的选择，将 IP 数据包送到指定地址；TCP 负责分组、打包、重组、检错和有错请求重发等，从而为应用提供端到端的可靠通信服务。

7.3.1.2 客户机/服务器(Client/Server)结构

远程监测诊断系统一般采用基于客户机/服务器(Client/Server,C/S)结构。C/S结构是一种分布式应用系统的典型模式,它将系统应用分解为多个子任务分别由客户机和服务器执行。在客户机和服务器端各存在一个负责与对方进行通信的模块,用来控制和调整服务器程序和客户应用程序之间的数据传输过程,以及维持网络中计算机的数据联系。C/S按照"客户机请求/服务器响应"的处理模式工作,Client向Server提出数据请求或其他应用程序处理请求,Server针对请求,完成处理并将处理结果或Client请求的数据作为响应返回给Client。

C/S模式是20世纪90年代分布式系统的主流结构模式,在工业领域得到了广泛的应用。传统的C/S结构一般分为两层:客户端和服务器端。随着分布式应用系统的扩大,这种两层的C/S结构渐渐表现出效率低下、维护困难、安全性差及扩展性差的缺点。为了解决上述问题,人们在原有结构的基础上,将客户机的表达逻辑和应用逻辑分开,并在原来的两层结构之间增加了一个"业务逻辑层",提出了一种分布式三层体系结构。新增的中间层用于对客户端的请求进行响应、调度多用户的请求、向数据库提交数据查询请求、处理输出结果并将其发送到客户端。三层C/S结构的提出解决了传统分布式应用系统存在的问题,使得系统功能的更新或扩展只需在中间业务层中进行即可,增加了系统的灵活性。

三层分布式应用系统结构中,客户端程序既可以是一个独立的应用程序,又可以仅仅是一个浏览器,其主要功能是处理用户逻辑,显示系统响应结果。

本书开发的基于煤矿瓦斯监控的支持向量机预测煤与瓦斯突出系统采用了浏览器/服务器(Browser/Server或B/S)模式的三

层体系结构。广义上讲,B/S 结构实际上是 C/S 结构的一种变形,B/S 模式下客户端以浏览器(如 HTTP 客户端)的形式提供基本的图形用户界面;服务器为 Web 服务器(如 HTTP 服务器,煤矿已经建立了)。客户端用户通过浏览器将用户请求发送给 Web 服务器,由 Web 服务器端的业务逻辑进行处理,与 Web 数据库进行交互,并把响应结果返回给服务器。另外,可以把支持向量机软件直接安装在该煤矿的监控主机上,这样也能识别煤与瓦斯突出及非突出。

7.3.1.3 浏览器

编制浏览器采用微软公司的 Visual C＃2005 语言[148],其语言包括类与对象、控制语句、方法、数组、继承、多态、异常处理、GUI、多线程、XML、数据库与 SQL、ASP. NET2. 0、WEB 服务等内容。

可扩展标记语言(Extensible Markup Language,XML)于 1996 年由万维网联盟(W3G)XML 工作组开发。XML 是受到广泛支持的开放技术(即非专有技术),用于描述数据,已经成为程序和 Internet 上交换数据的标准格式。

XML 的重要特性是数据独立性,即分开内容与表示,由于 XML 文档以机器无关方式描述数据,因此任何程序都可以处理这些数据。SOAP(简单对象访问协议)技术可以在 Internet 上传输标记为 XML 的对象。Microsoft 公司的. NET 技术用 XML 和 SOAP 在 Internet 上传输标记和传输数据。XML 和 SOAP 是. NET 的核心,使软件组件可以相互操作。由于 SOAP 的基础是 XML 和 HTTP(超文本传输协议),因此支持大多数计算机系统。

云南省师宗县大舍煤矿的实时监控的数据传输 XLM 文档如图 7-2 所示,其数据浏览器的界面如图 7-3 所示。

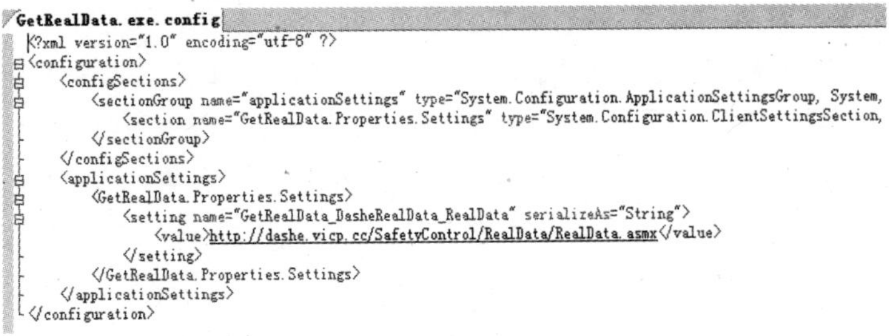

GetRealData.exe.config

```
<?xml version="1.0" encoding="utf-8" ?>
<configuration>
    <configSections>
        <sectionGroup name="applicationSettings" type="System.Configuration.ApplicationSettingsGroup, System,
            <section name="GetRealData.Properties.Settings" type="System.Configuration.ClientSettingsSection,
        </sectionGroup>
    </configSections>
    <applicationSettings>
        <GetRealData.Properties.Settings>
            <setting name="GetRealData_DasheRealData_RealData" serializeAs="String">
                <value>http://dashe.vicp.cc/SafetyControl/RealData/RealData.asmx</value>
            </setting>
        </GetRealData.Properties.Settings>
    </applicationSettings>
</configuration>
```

图 7-2　大舍煤矿实时监控数据传输 XLM 文档

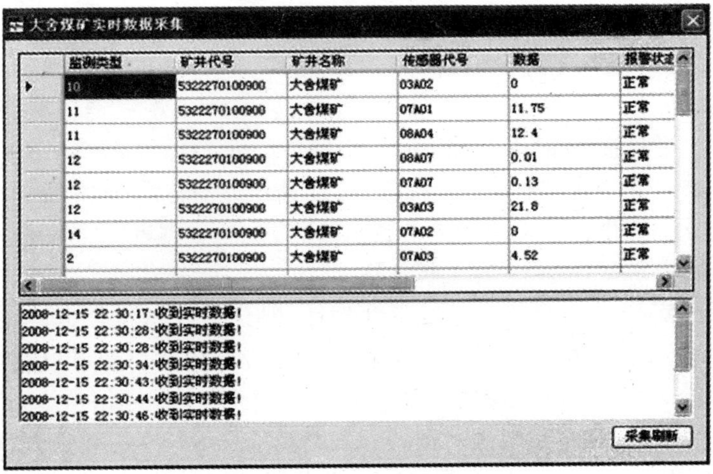

大舍煤矿实时数据采集

监测类型	矿井代号	矿井名称	传感器代号	数据	报警状态
10	5322270100900	大舍煤矿	03A02	0	正常
11	5322270100900	大舍煤矿	07A01	11.75	正常
11	5322270100900	大舍煤矿	08A04	12.4	正常
12	5322270100900	大舍煤矿	08A07	0.01	正常
12	5322270100900	大舍煤矿	07A07	0.13	正常
12	5322270100900	大舍煤矿	03A03	21.8	正常
14	5322270100900	大舍煤矿	07A02	0	正常
2	5322270100900	大舍煤矿	07A03	4.52	正常

2008-12-15 22:30:17:收到实时数据!
2008-12-15 22:30:28:收到实时数据!
2008-12-15 22:30:28:收到实时数据!
2008-12-15 22:30:34:收到实时数据!
2008-12-15 22:30:43:收到实时数据!
2008-12-15 22:30:44:收到实时数据!
2008-12-15 22:30:46:收到实时数据!

采集刷新

图 7-3　大舍煤矿实时监控数据浏览器界面

7.3.2　支持向量机预测煤与瓦斯突出模块

根据煤矿监控系统所监测到的突时瓦斯浓度和 KBD7 煤岩动力灾害电磁辐射监测仪测到的电磁信息，采用支持向量机预测煤与瓦斯突出的模块，此模块在第 6 章有详细的研究，这里不再赘述。

7.3.3 显示储存预报结果模块

在 Internet 网络上，数据浏览器接收实时数据，应用 MATLAB7.0编制程序，程序中应用时间函数 timer 自动定时识别煤与瓦斯突出及非突出，所编写的程序能在线连续预测、显示、存储预报结果。煤与瓦斯突出前兆信息的支持向量机识别系统如图 7-4 所示，其工作界面如图 7-5 所示，其预测云南省师宗县大舍煤矿的煤与瓦斯突出及非突出结果是与实际情况相吻合的。

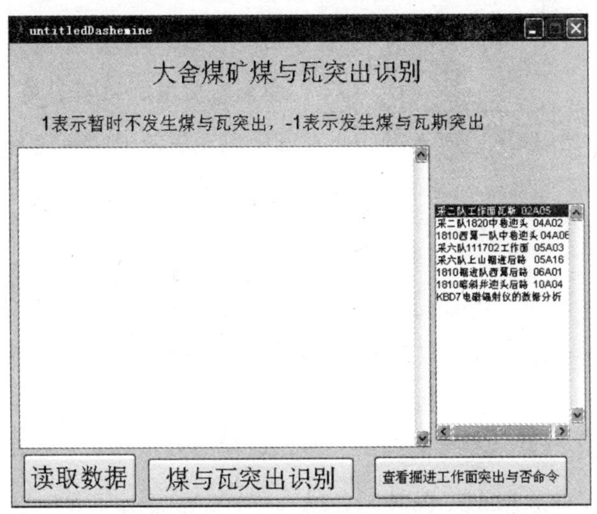

图 7-4 煤与瓦斯突出前兆的支持向量机识别界面

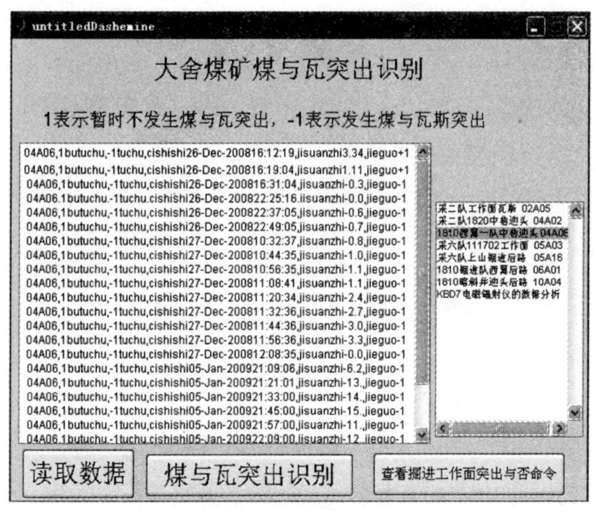

图 7-5　煤与瓦斯突出前兆的支持向量机识别工作界面

7.4　本章小结

(1) 提出了支持向量机预测煤与瓦斯突出系统的模块结构，根据电磁辐射仪在煤矿实际使用中存在的问题，提出了在 KBD7 煤岩动力灾害电磁辐射监测仪中用支持向量机识别煤与瓦斯突出及非突出的解决办法。

(2) 在介绍远程网络通信的基础上，基于 TCP/IP 协议，采用 Visual C＃2005 和 MATLAB7.0 语言，开发了基于 Internet 远程数据传输的支持向量机预测煤与瓦斯突出系统，达到在线、连续、非接触式地预测煤与瓦斯突出及非突出的目的。在大舍煤矿的实际运行中，与实际是相吻合的，有很高的可靠性和可信度，具有重大的现实意义。

参考文献

[1] 于不凡,王佑安. 煤矿瓦斯灾害防治及利用技术手册[M]. 北京:煤炭工业出版社,2000.

[2] 李成武. 煤与瓦斯突出危险状态灰色分类及预测技术研究[D]. 徐州:中国矿业大学,2005.

[3] 安宇,李丹. 2008 年～2014 年我国煤矿事故统计分析及防治措施[J]. 煤矿现代化,2016,130(1):56-59.

[4] 吴中立. 矿井通风与安全[M]. 徐州:中国矿业大学出版社,1988.

[5] 邓聚龙. 灰色控制系统[M]. 武汉:华中理工大学出版社,1997.

[6] 刘思峰,郭天榜,党耀国. 灰色系统理论及其应用[M]. 第二版. 北京:科学出版社,1991.

[7] 邓聚龙. 灰色系统基本方法[M]. 武汉:华中工学院出版社,1987.

[8] 邓聚龙. 灰色系统理论教程[M]. 武汉:华中理工大学出版社,1989.

[9] 霍多特 B B. 煤与瓦斯突出[M]. 宋士钊,王佑安,译. 北京:中国工业出版社,1966.

[10] 马尚权,王恩元,何学秋,等. 煤与瓦斯突出预测预报方法[J]. 矿山机械,2001(5):71-72.

[11] 唐春安,徐小荷. 岩石破裂过程失稳的尖点灾变模型[J]. 岩石力学与工程学报,1990,9(2):100-107.

[12] 唐春安,王述红,傅宇方.岩石破裂过程数值实验[M].北京科学出版社,2003.

[13] 章梦涛.冲击地压失稳理论与数值模拟计算[J].岩石力学与工程学报,1987,6(3):197-204.

[14] 章梦涛,徐曾和,潘一山.冲击地压和突出的统一失稳理论[J].煤炭学报,1991,16(4):48-53.

[15] 潘一山,章梦涛.冲击地压失稳理论的解析分析[J].岩石力学与工程学报,1996,15(S1):504-510.

[16] 徐曾和,章梦涛.冲击地压失稳理论及其应用[C]//第二届全国岩石动力学学术会议论文集.宜昌,1990:332-339.

[17] 苗琦,杨胜强,欧晓英,等.煤与瓦斯突出灰色-神经网络预测模型的建立及应用[J].采矿与安全工程学报,2008,25(3):309-312.

[18] 虞和济.基于神经网络的智能诊断[M].北京:冶金工业出版社,2000.

[19] 戴葵.神经网络实现技术[M].长沙:国防科技大学出版社,1998.

[20] 由伟,刘亚秀,李永,等.用人工神经网络预测煤与瓦斯突出[J].煤炭学报[J].2007,32(3):385-387.

[21] JOHN GRZNAR,SAMEER PRASAD,JASMINE TATA. Neural networks and organizational systems:modeling non-linear relationships[J]. European Journal of Operational Research,2007,181(2):939-955.

[22] MANOJ KHANDELWAL,SINGH T N. Prediction of blast induced ground vibrations and frequency in opencast mine:a neural network approach[J]. Journal of Sound and Vibration,2006,289(4-5):711-725.

[23] SHANTI SWARUP K, SUDHAKAR G. Neural network

approach to contingency screening and ranking in power systems[J]. Neurocomputing,2006,70(1-3):105-118.

[24] CAO J C,CAO S H. Study of forecasting solar irradiance using neural networks with preprocessing sample data by wavelet analysis[J]. Energy,2006,31(15):3435-3445.

[25] 聂百胜,何学秋,王恩元,等. 煤与瓦斯突出预测技术研究现状及发展趋势[J]. 中国安全科学学报,2003,13(6):40-43.

[26] JANAS H F,KUNZ E. Evaluation of the danger of coal-gas outbursts based on gas pressure and permeability[J]. Fuel and Energy Abstracts,1996,37(3):220.

[27] 付建华,程远平. 中国煤矿煤与瓦斯突出现状及防治对策[J]. 采矿与安全工程学报,2007,34(3):253-259.

[28] 吴财芳,曾勇. 基于专家系统的煤与瓦斯突出预测知识库研究[J]. 煤田地质与勘探,2004(2):17-20.

[29] 张小东,张子戌,秦勇. 基于专家系统的煤与瓦斯突出区域预测研究[J]. 煤矿安全,2004(9):1-3.

[30] 蔡成功,张建国. 煤与瓦斯突出规律的分析探讨[J]. 煤矿安全,2003(12):3-6.

[31] 王英敏. 煤与瓦斯突出概论[M]. 北京:煤炭工业出版社,1958.

[32] 中国矿业大学瓦斯组. 煤与瓦斯突出的防治[M]. 北京:煤炭工业出版社,1979.

[33] 艾鲁尼 A T. 煤与瓦斯动力现象的预测与防治[M]. 唐修义,宋德淑,王荣龙,译. 北京:煤炭工业出版社,1992.

[34] 周世宁,林柏泉. 煤层瓦斯赋存与流动理论[M]. 北京:煤炭工业出版社,1999.

[35] 程伟. 煤与瓦斯突出危险性预测与防治技术[M]. 徐州:中国矿业大学出版社,2003.

[36] 何学秋.含瓦斯煤岩流变动力学[M].徐州:中国矿业大学出版社,1995.

[37] 何学秋,刘明举.含瓦斯煤岩破坏电磁动力学[M].徐州:中国矿业大学出版社,1995.

[38] 王恩元,何学秋,聂百胜,等.电磁辐射法预测煤与瓦斯突出原理[J].中国矿业大学学报,2000,29(5):225-229.

[39] 撒占友,何学秋,王恩元.工作面煤与瓦斯突出电磁辐射的神经网络预测方法研究[J].煤炭学报,2004,29(5):563-567.

[40] 窦林名,何学秋,王恩元.冲击矿压预测的电磁辐射技术及应用[J].煤炭学报,2004,29(4):396-399.

[41] 何学秋,王恩元,聂百胜,等.煤岩流变电磁动力学[M].北京:煤炭工业出版社,2003.

[42] 于不凡.国内外煤与瓦斯突出日常预测研究综述[R]//煤炭科学总院重庆分院.煤与瓦斯突出预测资料汇编,1987.

[43] 中华人民共和国煤炭部.防治煤与瓦斯突出细则[M].北京:煤炭工业出版社,1995.

[44] 王凯,俞启香.煤与瓦斯突出的非线性特征及预测模型[M].徐州:中国矿业大学出版社,2005.

[45] 工作面钻孔瓦斯涌出初速度特征分析[D].抚顺:煤炭科学研究总院抚顺分院,1985.

[46] 王克全.突出煤层钻孔瓦斯涌出特点研究[D].重庆:煤炭科学研究总院重庆分院,1986.

[47] 胡千庭.WTC瓦斯突出仪及其应用[J].煤炭工程师,1994(6):2-6.

[48] 苏文叔.利用瓦斯涌出动态指标预测煤与瓦斯突出[J].煤炭工程师,1996(5):2-7.

[49] 刘明举.计算机模式识别技术在煤与瓦斯突出预测中的应用[J].瓦斯地质,1989(12).

[50] 周骏,曲云尧,周文涛,等.煤与瓦斯突出模式识别预测软件的设计原理[J].山东矿业学院学报,1996,15(1):61-66.

[51] LI S,ZHANG H. Coal and gas outburst model recognition and regional prediction[C]//In:Proceedings in Mining Science and Safety Technology. Beijing: Science Publishing House,2002.

[52] 张宏伟,李胜.煤与瓦斯突出危险性的模式识别和概率预测[J].岩石力学与工程学报,2005,19(10):3577-3581.

[53] 南存全,冯夏庭.基于模式识别的煤与瓦斯突出区域预测[J].东北大学学报(自然科学版),2004,25(9):903-906.

[54] 王显政.煤矿安全新技术[M].北京:煤炭工业出版社,2002.

[55] 魏建平.矿井动力灾害煤岩电磁辐射预警机理及其应用研究[D].徐州:中国矿业大学,2004.

[56] 李忠辉,王恩元,何学秋,等.电磁辐射实时监测煤与瓦斯突出在煤矿的应用[J].煤炭科学技术,2005,33(9):31-33.

[57] 王佑安,王魁军.工作面突出危险性预测敏感指标确定方法探讨[J].煤矿安全,1991(10):9-14.

[58] 杨光正,吴岷,张晓莉.模式识别[M].合肥:中国科学技术出版社,2001.

[59] 吴逸飞.模式识别——原理、方法及应用[M].北京:清华大学出版社,2002.

[60] 边肇祺,张学工.模式识别[M].北京:清华大学出版社,2002.

[61] BURGES C J. A tutorial on support vector machines for pattern recognition[J]. Data Mining and Knowledge Discovery,1998,2(2):12-16.

[62] BALAKRISHNAN K,HONAVAR V. Intelligent diagnosis systems. improving design of intelligent systems: outstand-

ing problems and some methods for their solution[J]. A Special Issue of the International Journal of Intelligent Systems,1998,8(3/4):239-290.

[63] SCHWUTKE U M,VEREGGE J R,et al. Cooperating expert system for the next generation of real time[C]//Monitoring Application. IEEE 2th International Conference on Expert System for Develop,1994:210-214.

[64] HOSKINS J C,KALIYU K M. Fault diagnosis in complex chemical plants using artificial neural network[J]. Artificial Intelligence,1991,37(1):137-141.

[65] 何学秋.含瓦斯煤岩流变动力学[M].徐州:中国矿业大学出版社,1995.

[66] 蒋承林,俞启香.煤与瓦斯突出的球壳失稳机理及防治技术[M].徐州:中国矿业大学出版社,1998.

[67] 张铁岗.矿井瓦斯综合治理技术[M].北京:煤炭工业出版社,2001.

[68] 王凯.钻孔法研究预测煤与瓦斯突出的研究[D].徐州:中国矿业大学,1997.

[69] 吕绍林,何继善.瓦斯突出煤体的粒度分形研究[J].煤炭科学技术,1999,27(2):46-48.

[70] 王凯,俞启香.非线性理论在煤与瓦斯突出研究中的应用[J].辽宁工程技术大学学报,1998,8(6):348-352.

[71] 王凯,俞启香.煤与瓦斯突出起动过程的突变理论研究[J].中国安全科学学报,1998,8(6):10-15.

[72] 王轶波.煤巷掘进工作面瓦斯涌出的非线性特征及突出预测研究[D].徐州:中国矿业大学,2004.

[73] 李树刚.综放开采围岩活动及瓦斯运移[M].徐州:中国矿业大学出版社,2000.

[74] 切尔诺夫 O H,罗赞采夫 E C. 瓦斯突出危险煤层井田的准备[M]. 宋士钊,于不凡,译. 北京:煤炭工业出版社,1980.

[75] 斯阔成基编 A A,李金 Г д. 矿井瓦斯涌出量研究[M]. 王英敏,译. 北京:煤炭工业出版社,1958.

[76] 于不凡,王佑安. 煤矿瓦斯灾害防治及利用技术手册[M]. 北京:煤炭工业出版社,2000.

[77] ANDREW R WEBB. 统计模式识别[M]. 王萍,杨培龙,罗颖昕,译. 北京:电子工业出版社,2004.

[78] JAIN A K,DUIN R P W,MAO J. Statistical pattern recognition:a review[J]. IEEE Transactions on Pattern Analysis and Machine Intelligence,2000,22(1):4-37.

[79] 孙即祥. 现代模式识别[M]. 长沙:国防科技大学出版社,2002.

[80] 肖健华,吴今培. 基于支持向量机的模式识别方法[J]. 五邑大学学报(自然科学版),2002,16(1):6-10.

[81] DOMINIQUE M, ALISTAIR B. Nonlinear blind source separation using kernels[J]. IEEE Tram. On Neural Networks,2003,14(1):228-235.

[82] MIKE FUGATE,JAMES R GATTIKERS. Computer intrusion detection with classification and anomaly detection using SVMs[J]. International Journal of Pattern Recognition and Artificial Intelligence,2003,17(3):441-458.

[83] 桑德斯 P T. 突变理论入门[M]. 凌复华,译. 上海:上海科学技术文献出版社,1983.

[84] 凌复华. 突变理论及应用[M]. 上海:上海交通大学出版社,1985.

[85] 王连国,缪协兴. 基于尖点突变模型的矿柱失稳机理研究[J]. 采矿与安全工程学报,2006,23(2):137-140.

[86] 章梦涛,徐曾和,潘一山,等.冲击地压和突出的统一失稳理论[J].煤炭学报,1991(4):48-53.

[87] 郭文兵,邓喀中,邹友峰.条带煤柱的突变破坏失稳理论研究[J].中国矿业大学学报,2005,34(1):77-81.

[88] 付建华,程远平.中国煤矿煤与瓦斯突出现状及防治对策[J].采矿与安全工程学报,2007,34(3):253-259.

[89] 马中飞,俞启香.煤与瓦斯承压散体失控突出机理的初步研究[J].煤炭学报,2006,31(3):329-333.

[90] 肖福坤,秦宪礼,张娟,等.煤与瓦斯突出过程的突变分析[J].辽宁工程技术大学学报,2004(4):442-444.

[91] 李玉,赵国景.煤层突出的突变模式[J].北京科技大学学报,1995,17(1):5-9.

[92] 勾攀峰,汪成兵,韦四洒.基于突变理论的深井巷道临界深度[J].岩石力学与工程学报,2004,23(24):4137-4141.

[93] 潘岳,张孝伍.狭窄煤柱岩爆的突变理论分析[J].岩石力学与工程学报,2004,23(12):1797-1803.

[94] 尹光志,李贺,鲜学福,等.煤岩体失稳的突变理论模型[J].重庆大学学报,1994,17(1):23-28.

[95] 刘保县,鲜学福,刘新荣,等.爆破激发煤瓦斯突出的研究[J].中国矿业,2000(3):89-91.

[96] 王凯,俞启香.煤与瓦斯突出起动过程的突变理论研究[J].中国安全科学学报,1998,8(6):10-15.

[97] 李晓伟,蒋承林.初始释放瓦斯膨胀能与煤体破碎程度的关系研究[J].煤矿安全,2008(5):1-3.

[98] 方健之,俞善炳,谈庆明.煤与瓦斯突出的层裂—粉碎模型[J].煤炭学报,1995,20(2):149-152.

[99] 俞善炳.恒稳推进的煤与瓦斯突出[J].力学学报,1988,20(2):97-106.

[100] 俞善炳.煤与瓦斯突出的一维流动模型和启动判据[J].力学学报,1992,24(4):418-431.

[101] 周世宁.瓦斯在煤层中流动的机理[J].煤炭学报,1990,15(1):15-24.

[102] 张广洋,谭学术,鲜学福,等.煤层瓦斯运移的数学模型[J].重庆大学学报(自然科学版),1994,17(4):53-57.

[103] 普则列夫 B H.根据钻孔瓦斯泄出量预测煤和瓦斯突出的方法[M]//国外煤与瓦斯突出防治(第一集).重庆:科学技术文献出版社重庆分社,1978:34-49.

[104] 国家安全生产监督管理总局.低瓦斯煤矿也要安装瓦斯监测系统[J].煤炭企业管理,2006(4):9.

[105] 聂韧,赵旭生.掘进工作面瓦斯涌出动态指标预测突出危险性的探讨[J].矿业安全与环保,2004(8):36-38.

[106] 苏文叔.利用瓦斯涌出动态指标预测煤与瓦斯突出[J].煤炭工程师,1996(5):2-7.

[107] 秦汝祥,张国枢,杨应迪.瓦斯涌出异常预报煤与瓦斯突出[J].煤炭学报,2006,31(10):599-602.

[108] 李秋林.应用瓦斯涌出特征实施突出预报的初步探索[J].矿业安全与环保,2006(2):68-70.

[109] 庄新田,庄新路,田莹.Hurst 指数及股市的分形结构[J].东北大学学报(自然科学版),2003,24(9):862-864.

[110] 张利平,王德智,夏军,等.R/S 分析在洪水变化趋势预测中的应用研究[J].中国农村水利水电,2005(2):38-40.

[111] 江田汉,邓莲堂.Hurst 指数估计中存在的若干问题——以在气候变化研究中的应用为例[J].地质科学,2004,24(2):177-182.

[112] LEPRETI F,FANELLO P C,ZACCARO F,et al. Persistence of solar activity on small scales:hurst analysis of time

series coming from Hα flares[J]. Solar Physics, 2000,197 (11) :149-156.

[113] HALL P,HÄRDLE W,KLEINOW T,et al. Semiparametric bootstrap approach to hypothesis tests and confidence intervals for the hurst coefficient[J]. Statistical Inference for Stochastic Processes,2000,3(3):263-276.

[114] SVIRIDYUK G A,ZAMYSHLYAEVA A A. The phase spaces of a class of linear higher-order sobolev type equations[J]. Differential Equations,2006,42(2):269-278.

[115] 刘树勇,朱石坚,俞翔. 相空间重构优化研究[J]. 数据采集与处理,2008(1):65-68.

[116] 林嘉宇,王跃科,黄芝平. 语言信号相空间重构中的时间延迟的选择——复自相关法[J]. 信号处理,1999,15(3):220-225.

[117] LIMING W,RPBERT CAWLEY. Smoothness implies determinism:a method to detect it in time series[J]. Physical Review Letters,1994,73(8):1091-1094.

[118] BAUMGAERTEL M, WINTER H H. Determination of discrete relaxation and retardation time spectra from dynamic mechanical data[J]. Rheologica Acta,1989,28(6):511-519.

[119] ROBINET J C,SARDINI P,DELAY F,et al. The effect of rock matrix heterogeneities near fracture walls on the residence time distribution (RTD) of solutes[J]. Transport in Porous Media,2008,72(3):393-408.

[120] MERA M,MORAN M. Degrees of freedom of a time series[J]. Joural of Statistical Physics, 2002, 106 (12): 125-145.

[121] 任志军,田心.高维混沌的研究现状与展望[J].国外医学生物学工程分册,2004,27(1):18-21.

[122] WOLF A. Determing lyapunov exponent from a time series [J]. Physics,1985,16(D3):285-317.

[123] ROSENTEIN M T,COLLINS J J,DELUCA C J. A practical method for calculating largest lyapunov exponents from small data sets[J]. Physical D Nonlinear Phenomena,1993,65(1-2):117-134.

[124] 陈士华,陆君安.混沌动力学初步[M].武汉:武汉水利电力大学出版社,1998.

[125] 吕金虎,陆君安,陈士华.混沌时间序列分析及其应用[M].武汉:武汉水利电力大学出版社,2002.

[126] 王俊国,周建中,付波,等.基于混沌时间序列的电力负荷短期预测方法[J].水电能科学,2006(4):70-72.

[127] 岳毅宏,韩文秀,王健.基于加权平均一阶发散度的混沌序列预测法[J].系数工程与电子技术,2004(5):40-42.

[128] 林振山.长期预报的相空间理论和模式[M].北京:气象出版社,1993.

[129] 陈淑燕,王炜.基于 Lyapunov 指数的交通量混沌预测方法[J].土木工程学报,2004,37(9):96-99.

[130] 蒋传文,侯志俭,李涛,等.基于小波分解的径流非线性预测[J].上海交通大学学报,2002,36(7):1053-1056.

[131] 殷光伟,郑丕谔.基于小波与混沌集成的中国股票市场预测[J].系统工程学报,2005,20(2):180-184.

[132] 任霞.小波分析在电力系数中的应用[M].北京:中国电力出版社,2003.

[133] 孔即祥.现代模式识别[M].长沙:国防科技大学出版社,2002.

[134] 杨凌霄,沈鹰,侯国栋,等.基于支持向量机的煤与瓦斯突出预测研究[J].河南理工大学学报(自然科学版),2006,25(5):348-350.

[135] 齐永锋,火元莲.支持向量机研究[J].甘肃联合大学学报(自然科学版),2005(4):23-26

[136] 肖汉光,蔡从中,王万录.利用支持向量机 SVM 识别车辆类型[J].重庆大学学报(自然科学版),2006,29(1):61-64.

[137] JAMES K. Model selection in kernel machine classification with applications in bioinformatics[D]. New Mexico: The University of New Mexico Albuquerque, Doctor of Philosophy Statistics, 2005.

[138] NELLO CRISTIANINI, JOHN SHAWE-TAYLOR. 支持向量机导论[M].李国正,王猛,曾华军,译.北京:电子工业出版社,2004.

[139] DELOSTE D, SCHOLKOPF B. Training invariant support vector machines[J]. Machine Learning, 2002, 46(1-3): 161-190.

[140] 吴涛.核函数的性质、方法及其在障碍检测中的应用[D].长沙:国防科技大学,2003.

[141] 李忠辉,王恩元,何学秋,等.电磁辐射实时监测煤与瓦斯突出在煤矿的应用[J].煤炭科学技术,2005,33(9):31-33.

[142] 王恩元.煤岩动力灾害实时监测预报装置及预报方法国家发明专利:2004100657931[P].2004-11-19.

[143] 何学秋,聂百胜,王恩元,等.矿井煤岩动力灾害电磁辐射预警技术[J].煤炭学报,2007,32(1):56-59.

[144] 潘爱民.计算机网络[M].第四版.北京:清华大学出版社,2004.

[145] 范建华.TCP/IP 详解・卷 1:协议[M].北京:机械工业出

版社,2000.

[146] 陆雪莹. TCP/IP 详解 · 卷 2:实现[M]. 北京:机械工业出版社,2004.

[147] 胡谷雨. TCP/IP 详解 · 卷 3:TCP 事务协议、HTTP、NNTP 和 UNIX 域协议[M]. 北京:机械工业出版社,2000.

[148] DEITEL H M,DEITEL P L. Visual C# 2005 大学教程[M]. 第二版. 刘文红,译. 北京:电子工业出版社,2007.

[149] 蒋承林. 煤与瓦斯突出阵面推进过程及力学条件分析[J]. 中国矿业大学学报,1994,23(4):1-9.

[150] 蒋承林. 煤与瓦斯突出过程中能量耗散规律的研究[J]. 煤炭学报,1996,21(2):173-178.

[151] 蒋承林,陈松立,陈燕云. 煤样中初始释放瓦斯膨胀能测定[J]. 岩石力学与工程学报,1996,15(4):395-400.

[152] 蒋承林. 石门揭穿含瓦斯煤层时动力现象的球壳失稳机理研究[D]. 徐州:中国矿业大学,1994.

[153] 蒋承林,俞启香. 煤与瓦斯突出机理的球壳失稳假说[J]. 煤矿安全,1995(2):16-25.

[154] 吴方同. 数学物理方程[M]. 武汉:武汉大学出版社,2001.

[155] 赵振海. 数学物理方程与特殊函数学习指导与习题全解[M]. 大连:大连理工大学出版社,2003.

[156] KUZNETSOV S V,TROFIMOV V. Gas-permeable zones in coal seams and the nature and mechanism by which they form[J]. Journal of Mining Science,1999,35(1):19-25.

[157] KOVALENKO YU F,KAREV V I. Dynamics of gas release from a coal seam in driving a working[J]. Journal of Mining Science,2001,37(1):51-56.

[158] ODINTSEV V N. Sudden outburst of coal and gas failure of natural coal as a solution of methane in a solid sub-

stance [J]. Journal of Mining Science, 1997, 33 (6): 508-516.

[159] MAJEWSKA Z, ZITEK J. Acoustic emission and sorptive deformation induced in coals of various rank by the sorption-desorption of gas[J]. Acta Geophysica, 2007, 55(3): 324-343.

[160] OPARIN V N, LUDZISH V S, KULAKOV G I, et al. Journal of Mining Science, 2005, 41(2): 93-104.

[161] WOLD M B, CONNELL L D, CHOI S K. The role of spatial variability in coal seam parameters on gas outburst behaviour during coal mining[J]. International Journal of Coal Geology, 2008, 75(1): 1-14.